U0396917

我们的广西
WOMEN DE
GUANGXI

桂林山水

GUILIN SHANSHUI

○袁道先 蒲俊兵 肖 琼 等编著

○撰写人员

姜光辉 郭 芳 郭永丽
黄 芬 殷建军 汪智军
张 强 苗 迎 于 奭

广西出版传媒集团

广西科学技术出版社

GUANGXI CHUBAN CHUANMEI JITUAN

GUANGXI KEXUE JISHU CHUBANSHE

"我们的广西"丛书

总 策 划：范晓莉

出 品 人：覃 超
总 监 制：曹光哲
监 　 制：何 骏　施伟文　黎洪波
统 　 筹：郭玉婷　唐 勇
审稿总监：区向明
编校总监：马丕环
装帧总监：黄宗湖
印制总监：罗梦来

装帧设计：陈 凌　陈 欢
版式设计：郭嘉慧

前　言

　　广西岩溶分布面积为9.87万平方千米，占广西土地总面积的41.5%，且独具特色，是世界著名的岩溶地区之一，而最为典型的，就是以"甲天下"著称的桂林山水。这里除了部分弧形山系，大部分地区则分布着一眼望不到边的塔状、柱状、锥状等形态各异、挺拔峻峭的石灰岩山峰。站在高处放眼望去，只见群峰密集，气势雄伟，纵横绵亘达数百千米，在林立的石峰之间密布着一个个深几十米到上百米、直径几十米到上百米的封闭洼地，构成了峰丛洼地地貌。在一些地区，平原包围的地面兀立若干几十米乃至百米高的陡峭的石灰岩山峰，"来龙去脉绝无有，突然一峰插南斗"，有的孤立成峰，有的"抱团"成峰，形成了典型的峰林平原地形。桂林山水，是亚热带峰林峰丛地貌的典型代表，是中国向世界递出的一张漂亮的名片。

　　桂林地处南岭山系的西南部，为中、低山地形，两侧高，中部低，处在自西北向东南延伸的岩溶盆地中，北起兴安，南至阳朔，发育形成了世所罕见的峰林地貌，享有"山水甲天下"的美誉。以"山清、水秀、洞奇、石美"著称的桂林，被誉为中国南方岩溶"皇冠上的那颗钻石"，是中国自然山水资源精华最集中的体现，是国际旅游名城和生态山水名城。桂林秀丽的岩溶景观早在几千年前就引起了先民的注意。在长沙马王堆3号墓出土的古地图（成图于公元前168年）上就绘有全州、灌阳一带岩溶区的山峰、河流、谷地等地形。明代伟大的旅行家、卓越的地理学家、中国岩溶学与洞穴学的奠基人徐霞客，于明崇祯十年（1637年）徒步桂林考察了桂林的岩溶地貌、洞穴的发育、分布规律，并对很多自然现象提出了和现代相似的科学解释。中国地质科学院岩溶地质研究所于1976年在桂林成立，对桂林岩溶开展了系统研究，出版了《桂林岩溶地貌与洞穴研究》《桂林岩溶与碳酸盐岩》《桂林岩溶地貌图》等系列科学著作，详细科学地描述了桂林碳酸盐岩、岩溶地貌的分布和岩溶环境特征等桂林岩溶的相关情况，在国内外引起了强烈的反响。

桂林岩溶作为全球具有代表性的一种岩溶类型，具有区别于世界各地岩溶的特点。由于中国大陆碳酸盐岩古老坚硬，新生代以来大幅度抬升，未受末次冰期大陆冰盖的刨蚀破坏以及季风气候水热配套（夏湿冬干）的影响，桂林地区岩溶发育完好、类型多样，在国际上有范例性。1990年至今，由我国主持的连续6个与岩溶相关的联合国教育、科学及文化组织国际地学计划均将桂林作为重要的国际对比地区。依托桂林岩溶的地域优势，我国科学家持之以恒地进行科学研究，不断涌现新的岩溶科学理论和技术，逐渐形成了国际学术优势，引领国际岩溶学的发展，推动了世界岩溶科学的发展。联合国教育、科学及文化组织国际岩溶研究中心于2008年在桂林成立，标志着我国岩溶研究具有崇高的国际地位。基于桂林岩溶的国际地位，2014年6月，在第三十八届世界遗产大会上，"桂林山水"

被正式列入世界遗产名录，成为珍贵的世界自然遗产。

《桂林山水》一书以地球系统科学和现代岩溶学思想为指导，以中国地质科学院岩溶地质研究所科研人员在桂林40多年的研究成果为基础，广泛收集国内外相关文献，用通俗易懂、简单形象的语句进行编撰，主要介绍桂林岩溶地貌的地理分布、形态特征和特点，以及形成的主要地质条件、成因和时间，阐述桂林岩溶地貌在世界岩溶研究中的科学意义和价值，突出其岩溶的独特性，展现桂林山水的美景，有助于加深公众对桂林山水的科学价值、美学价值和人文价值的了解，强化公众对自然资源特别是对特殊遗产资源的保护意识。本书编写过程中得到了自然资源部中国地质调查局，中国地质科学院岩溶地质研究所，自然资源部广西壮族自治区岩溶动力学重点实验室，联合国教育、科学及文化组织国际岩溶研究中心，广西院士工作站的大力支持，与国际地质对比计划项目的成果密不可分。全书由袁道先、蒲俊兵、肖琼等编著和统稿，肖琼负责第一章及第六章第二、第三、第四节编著，姜光辉、郭芳负责第二章、第三章编著，郭永丽、黄芬负责第四章编著，殷建军、汪智军负责第五章及第六章第一节编著，张强、苗迎、于爽等参与编著。

本书以收集、分析和整理桂林地区的历史研究资料为主，编著过程中参考了大量前人的研究资料，在此对资料著者表示诚挚的感谢！书中的图片来自相关摄影家，在此也一并表示感谢！

　　本书的一些观点和认识来自不同的作者，因此新的发现和认识极其不够，这也是本书最大的不足。但是，将历史上桂林地区岩溶研究的资料汇集在一起，也便于读者查阅相关的研究资料，结合野外实践，发现更多的不足，寻找和解决更多的科学问题，为桂林山水的保护提供更多有用的科学资料。

　　鉴于编著者水平有限，书中不足与疏漏之处在所难免，敬请专家、读者给予批评指正，以便进一步修改和完善！

目 录

第一章

桂林山水甲天下

　　桂林是世界岩溶地貌分布典型、集中、丰富的地区，山清、水秀、洞奇、石美，如诗如画，享有"山水甲天下"的美誉。桂林山水中，又以漓江流经阳朔的那一段风景最为美丽，故而有"桂林山水甲天下，阳朔山水甲桂林"的美誉。桂林有着种种有利于岩溶发育的地质、气候和水文条件，通过溶蚀作用和侵蚀作用形成桂林山水独特的美景。2014 年 6 月 23 日，第三十八届世界遗产大会上以桂林为首的"中国南方喀斯特"第二期项目申遗成功，桂林山水荣登世界自然遗产名录，成为全人类共同的财富。

　　桂林的山水与城市交融，襟山带河，山水入城，依山取势，临水布局。山在城中，城在山中；水绕着山转，山靠着水立，构成了桂林——这座如画般美丽的山水城市。

一、桂林与桂林城

1. 桂林

　　"桂林"之名，始于秦代。秦始皇三十三年（公元前214年）设置桂林郡，其辖境相当于今广西都阳山、大明山以东，九万大山、越城岭以南地区及广东肇庆市至茂名市一带，郡治在今贵港市和桂平市交界处。"江源多桂，不生杂木，故秦时立为桂林郡也。"桂林郡因盛产玉桂而得名，这是"桂林"名称的最早起源。今之桂林，秦时属桂林郡地。汉元鼎六年（公元前111年）汉武帝在此置始安县，"始安"是今天桂林最早的政区称谓。历经数百年的发展，至唐武德四年（621年）置桂州总管府，号称桂府，遂改为都督府，又为岭南西道桂管经略使治所。至唐至德二年（757年）改始安县为临桂县。北宋至道初，临桂始为广南西路治所。临桂在历史上第一次成为全国一级行政区划的中心。广南西路简称广西，辖境包括今广西、雷州半岛及海南地区。南宋绍兴初，升桂州为静江府，静江城市为路、府、县治所。元朝改广南西路为两江道宣慰司，隶湖广行中书省；改静江府为静江路。元至正二十三年（1363年），改两江道宣慰司为广西行中书省，以静江为省会。明朝改静江路为府，洪武五年（1372年）改静江府为桂林府，桂林城市名称始于此。原广西行省改为广西布政使司，仍以桂林为治所。清朝沿而不改。民国二十九年（1940年）桂林设市，仍以桂林为名并沿用至今。

多变的流水、奇异的山峰，塑造了桂林和谐的生态环境，森林覆盖率达70.91%。目前，为保护桂林山水，已在桂林市建立了12个自然保护区，总面积为4270平方千米，占全市国土面积的15.36%，其中国家级自然保护区3个（猫儿山国家级自然保护区、花坪国家级自然保护区和千家洞国家级自然保护区），自治区级自然保护区9个。森林资源丰富，树种资源种类繁多，全市共有维管束植物249科1103属，区域内已知高等植物有2000多种。野生动物繁多，陆生脊椎野生动物450多种，约有鸟类266种，属国家一级保护动物的有黄腹角雉、金雕、白颈长尾雉、云豹、林麝、蟒蛇等，国家二级保护动物有40种。2014年，以桂林山水为代表的"中国南方喀斯特"被世界自然保护联盟列入世界自然遗产名录。

"桂林的山呀漓江的水，水绕山环桂林城。"桂林是世界岩溶峰林景观发育最完善的典型地区，山清、水秀、洞奇、石美，旅游资源相当丰富（图1-1）。据统计，桂林旅游资源类型实体为1099处，其中地文景观类231处，占21.0%；生物景观类112处，占10.2%；水文景观类78处，占7.1%；历史遗产类364处，占33.1%；现代人文与抽象人文景观类164处，占14.9％；旅游服务景观类150处，占13.6％。在自然、人文、旅游服务三大景观资源系列中，以山水景观资源和人文景观资源为主。

独特的山水赋予了桂林独特的资源，迄今为止，已发现可利用的矿产有48种，其中查明有一定资源储量并可开发利用的矿产有40种，有17种矿产资源储量位居广西矿产资源储量的前列，其中桂林盛产的滑石质量居世界前列。在已探明的资源储量中，居全国前列的有铅锌、铌钽、花岗岩、石灰岩、大理岩、重晶石、矿泉水等，而具有很好开发前景的资源有滑石、大理岩、花岗岩、石灰岩、萤石、矿泉水及鸡血石等。

2. 桂林城

据桂林市区宝积岩和甑皮岩洞穴发现的遗物考证，桂林有人类祖先活动的时间可以追溯到距今1万年以前。夏、商、周时期，桂林是百越人的居住地。从远古至今，沧海桑田，历代桂林人在桂林留下了灿烂的文化遗产，分别为以甑皮岩为代表的史前文化，以宋代、明代古城池格局为代表的古代城市建设文化，以灵渠、相思埭为代表的古代水利科技文化，以名山胜迹、摩崖石刻为代表的山水文化，以靖江王城、王陵墓群为代表的明代藩王文化，以近现代革命遗迹、历史纪念地为代表的近现代文化等，这些构成了桂林历史文化的精髓。据统计，目前桂林市区范围内有文物古迹共552处，被列为各级文物保护单位有117处，其中国家级文物保护单位5处、自治区级文物保护单位23处、市（县）级文物保护单位89处。包含了具有最早人类活动证据的甑皮岩洞穴遗址，与古运河、都江堰齐名的中国古代三大著名水利工程的兴安灵渠，我国规模最大、保存最完好的明代靖江王府和靖江王墓群，中国四大孔庙之一的恭城文庙，集历代摩崖石刻之大成的桂海碑林，有"楚南第一名刹"之称的全州湘山寺，以及现代的八路军办事处、李宗仁故居等文物古迹，它们都具有很高的历史、文学、艺术和欣赏价值。

现代的桂林市，是中国最早对外开放旅游业的城市之一，是中国接

图1-1　桂林山水（漓江相公山河段）

待境外旅游者最多的城市之一（图1-2），其岩溶景观被列入世界自然遗产名录。桂林漓江被全球著名媒体美国有线电视新闻网（CNN）评选为"全球15条最美河流"之一。桂林漓江冠岩风景区保持有2项大世界吉尼斯纪录——岩洞游览方式之最和最长的旅游观光滑道。"看山如观画，游山如读史"，说的就是摩崖石刻。桂林拥有世界现存数量最多、种类最齐全的摩崖石刻，上面记载着古代文人骚客对桂林山水的赞美。桂林城北的鹦鹉山上刻有迄今发现的世界最完整的军事城防图。始建于秦始皇时期的灵渠已有2100年的历史，是世界最古老的水利工程之一，同时也是世界最古老的军事航道，有"南有灵渠，北有长城"的说法。"两江四湖"工程是世界上最完整的复古环城水利景观，完全按照800年前桂林的古水道设计建设。业界权威人士认为，这一景致比世界著名水城威尼斯还要壮观。《印象·刘三姐》是一部以广西桂林阳朔书童山段漓江2千米水域为舞台，12座山峰以及天空作为背景，融合山歌、民族风情与桂林山水等多种元素的大型山水实景演出，是世界上最大的山水实景剧演出。《象山传奇》是国内首次采用全部基于音视觉创意创造夜间文化旅游幻境的项目，为世界上最大的山体实景投影。桂林象山景

图1-2 桂林城

区有大世界吉尼斯纪录之一的含唐、宋石刻文字最多的溶蚀洞——桂林象山水月洞。2012年11月1日，经国务院同意，国家发展和改革委员会批复《桂林国际旅游胜地建设发展规划纲要》，这是我国第一个旅游专项发展规划。桂林以国际化大都市的标准推动城市的发展，建设国际旅游城市。2014年，桂林山水入选世界自然遗产名录，成为全人类共同的财富。

特殊的桂林城，因其景、其文化、其名，拥有一系列荣誉：

1973年，桂林市成为国家第一批对外开放城市；

1982年，桂林市被列为首批国家历史文化名城；

1985年，桂林市被确定为中国十大风景游览城市；

1999年，桂林市获中国优秀旅游城市；

2011年，桂林市被评为"最中国文化名城"；

2013年，漓江被美国CNN评为"全球15条最美河流"之一；

2014年，桂林市荣获"全国优秀会展城市奖"；

2018年，桂林市成为国家可持续发展议程创新示范区，联合国世界旅游组织/亚太旅游协会旅游趋势与展望国际论坛永久举办地。

二、桂林山水甲天下

以"山清、水秀、洞奇、石美"而驰名中外的桂林山水，其最独特的景观资源便是举世无双的峰林峰丛地貌。碧波荡漾的漓江伴随挺拔的石峰而蜿蜒南流，美丽迷人的田园配搭峭然的石峰形成秀甲天下的山水田园风光。人们还没到桂林就被"桂林山水甲天下"的美名所吸引，一到桂林，就不得不感叹"愿做桂林人，不愿做神仙"，不得不称赞"桂林山水甲天下"的名副其实。

桂林有着种种有利于岩溶发育的地质、气候和水文条件，通过溶蚀作用和侵蚀作用形成桂林山水独特的美景。一是碳酸盐岩古老坚硬。桂林地区分布的碳酸盐岩年代古老，绝大部分属于3亿多年前的古生代碳酸盐岩，沉积厚度巨大，累积厚度可超过4500米，且碳酸盐岩纯度较高，酸不溶物含量大都低于5%，为岩溶发育提供了丰富的物质基础。二是新生代以来的强烈抬升。受新生代以来喜马拉雅运动的影响，我国西部地区大幅度抬升，桂林地区也存在一定幅度的抬升，漓江下切加剧，侵蚀基准面下降，岩溶发育的水动力条件增强，同时地表剥蚀加剧，给峰林峰丛地貌的发育创造了有利条件，并使得前期发育的各种岩溶形态抬升到不同的高度上，形成了丰富多彩的岩溶景观。三是季风气候的水热配套。桂林地处东南季风区，年降水量可在1940毫米左右，年平均气温19.3摄氏度，且雨热同季，雨季较高的气温和丰沛的降水十分有利于岩溶作用的进行。同时，桂林北、东、西3面均为非碳酸盐岩地区，雨季具有强大溶蚀能力的大量外源水汇入碳酸盐岩地区，更加剧了岩溶作用过程，对峰林峰丛地貌的形成发挥了重要作用。四是未受到末次冰期大陆冰川的刨蚀破坏作用。桂林地处北半球低纬度地区，未遭受过末次冰期大陆冰盖的破坏作用，因此各种地表岩溶形态得以保存，成为举世瞩目的形态丰富的经典岩溶区（袁道先，1992）。2008年联合国教育、科学及文化组织国际岩溶研究中心落户桂林，就是看中了其发育着世界最完美的峰林峰丛岩溶地貌和多姿多彩的岩溶景观及其保存的各种环境变化信息，具有举世瞩目的科研价值。

桂林山水主要是峰丛洼地地貌（图1-3）和峰林平原地貌（图1-4），峰丛洼地地貌基本上类似国外所说的锥状岩溶（cone karst，kegelkarst）或多边形岩溶（polygonal karst）或星状灰岩洼地（cockpit karst），峰林平原地貌对应于塔状岩溶（tower karst，turmkarst）（朱学稳等，1988）。

图1-3 桂林之峰丛洼地地貌

图1-4 桂林之峰林平原地貌

　　桂林岩溶景观的发育可能始于中生代，但受到白垩系地壳沉降和古湖相红层的埋藏，现代峰丛和峰林景观是随着古近纪新构造运动的地壳抬升和湿热季风气候的到来而开始形成的（图1-5）（袁道先等，1994）。

　　从古近纪开始，喜山运动使地壳抬升，白垩纪古湖消亡。在古湖相沉积的红层面之上开始形成古水文网，地表进入剥蚀期。随着古湖相盖层的剥蚀，岩溶继承性发育，在抬升区地势高处发育入渗岩溶，向峰丛演化；在相对下陷区或汇水区地势低位处，由于外源水的进入或岩溶水的汇集，形成地表河系而发育流水岩溶，向峰林平原发展。因此，构造运动性质的差异和由此形成的不同水文地质特征，导致峰丛和峰林的协同共生、同时异态发展。

　　在新近纪中、上新世，河流伴随地壳强烈上升而急速下切。大约在1500万年前，漓江下切深度达84米，形成漓江峡谷地貌，同时漓江侵蚀基准面不断下降，也促使地下岩溶的强烈发育。

　　至第四纪初，桂林岩溶区处于相对下降状态，岩溶平原相对下降幅度可达60~90米，河流堆积黏土砾石，平原则堆积黏土；覆盖较厚的地方土下岩溶发育减弱，覆盖较薄的地方土下岩溶发育较强。

　　中更新世，地壳又处于抬升中，河流转为下切，黏土和砾石层被剥蚀分割，形成了完美的平地拔起的峰林岩溶地貌，岩溶洞穴同时遭受改造。自晚更新世以来，漓江继续下切，形成了河漫滩和现代岩溶峡谷，沿峡谷多处蚀切形成峭壁。由于未受末次冰期大陆冰川的刨蚀破坏，峰丛和峰林岩溶地貌保存相当完好，形成"甲天下"的桂林山水（图1-5）（袁道先等，1994）。

　　最美的山水需要最具才华的诗人来赞美。赞美桂林山水的文字记录，最早源于南北朝时宋文帝元嘉元年（424年）诗人颜延之的"未若独秀者，峨峨郛邑间"。主要是对独秀峰的赞美，没有提到漓江水。唐代诗人杜甫游览桂林，留下诗句"宜人独桂林"，用一个"独"字把桂林与其他地方做了比较，体现了桂林的特别之处。而"桂林山水

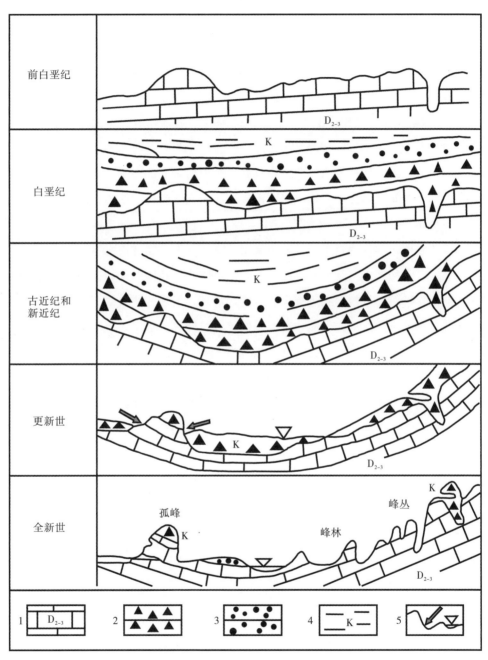

1.中、上泥盆统碳酸盐岩；2.下白垩统红色石灰角砾岩；3.下白垩统红色砂岩；
4.下白垩统红色泥岩；5.脚洞古水流

图1-5　桂林喀斯特地貌发育过程示意图

甲天下"出自何处,自古就有争议。柳宗元到桂林赞訾家洲亭"今是亭之胜甲于天下",认为桂林之亭胜甲于天下,第一次提出"甲于天下"之说,但没有针对山水。直到宋代嘉祐年间,广西转运使李师中游览桂林山水后赞誉桂林,有"桂林天下之胜,处兹山水……"之说,第一次把桂林山水放在"天下"的范围内。南宋乾道、淳熙年间,曾任桂林地方官的诗人范成大写下了"桂山之奇,宜为天下第一"的赞语,把对桂林的山的评价提高到一个前所未有的高度。南宋末年,桂州经略史李曾伯在《重修湘南楼记》一文中有对"桂林山川甲天下"的盛誉。到了清光绪十一年(1885年),广西巡抚金武祥在《漓江游草》一诗中赞誉"桂林山水甲天下"。但"桂林山水甲天下"这一名句的确切出处在学术界一直争论不休,直到1983年,桂林市文物工作者对独秀峰石刻进行全面调查、清理,发现一块自明清以来未被发现的摩崖石刻,上面一字不差地刻有"桂林山水甲天下"的字句(图1-6),书写者是南宋庆元、嘉泰年间担任过广西提点刑狱并代理静江知府的王正功,从而结束了不休争论。

王正功(1133—1203年),字承甫,原名慎思,字有之,避孝宗讳改,鄞县(今浙江宁波)人。宋庆元六年(1200年),王正功以68岁高龄到桂林任广南西路提点刑狱权知府事。宋嘉泰元年(1201年),恰逢乡试之年,广西学子乡试者共中举人11名。王正功闻桂林学子在科举考试中成绩不俗,为学子们高兴,便依鹿鸣宴惯例,以地方官身份在府中宴请中举的学子,与学子对饮。王正功在微醺中挥笔而就,作七律两首:

(一)

百嶂千峰古桂州,向来人物固难俦。

峨冠共应贤能诏,策足谁非道艺流。

经济才猷期远器,纵横礼乐对前旒。

图1-6　桂林独秀峰下"桂林山水甲天下"石刻

三君八俊具乡秀，稳步天津最上头。

（二）

桂林山水甲天下，玉碧罗青意可参。

士气未饶军气振，文场端似战场酣。

九关虎豹看勍敌，万里鹍鹏伫剧谈。

老眼摩挲顿增爽，诸君端是斗之南。

　　诗中一句"桂林山水甲天下"便从此传遍华夏，经久传唱，享誉中外。而后一位名叫张次良的人将这两首诗完整地刻在了著名景点独秀峰南麓的读书岩上（图1-6）。虽然王正功本意不是赞美桂林山水，是希望桂林的学子们能百尺竿头更进一步，在学业上取得的成绩能像桂林山水一样秀甲天下，但是就是这么一句话，或许是王正功的独创，或许是信手拈来，却成为对桂林山水最经典、最具概括性、最具生命力的惊世名句，将其刻在桂林奇峰独秀峰的读书岩上，为桂林名山增色不少。"桂林山水甲天下"这一脍炙人口的诗句，包含了所有人的想象，使桂林山水名扬天下。

三、桂林与徐霞客

　　徐霞客是我国明代的大旅行家、卓越的地理学家、中国岩溶学与洞穴学的奠基人（图1-7），其毕生从事艰苦卓绝的地理考察工作，以祖国的大好河山为背景，用自己的脚"写"出了《徐霞客游记》，里面特别描述了他晚年的西南之行，其中对桂林山水、洞穴的调查与探索，具有很重要的科学意义。《徐霞客游记》记载，在明崇祯十年（1637年）五月十九日，徐霞客"定阳朔舟"，两天后即开始桂林漓江、阳朔的考察。

图1-7　中国地质科学院岩溶地质研究所内的徐霞客雕像

徐霞客与桂林山水的缘分从小便有了，年轻的时候，徐霞客"志在蜀之峨眉，粤之桂林"，直到1637年，徐霞客才开始西南之行，考察我国西南岩溶地区，而其在《徐霞客游记卷五·粤西游日记一》中，记录了在明崇祯十年（1637年）仲夏时节考察游历桂林的详细情况，距今已有380多年。

日记记载从全州开始，时间是闰四月初八，从湘江南岸进入黄沙河地界。初十抵达湘山寺。进入兴安的时间是四月二十日。四月二十八日开始经由临桂县的海阳堡（现为灵川县）一路参观了木龙洞、虞山、叠彩山、伏波山，穿越七星山，参观七星岩、榕树门、龙隐山山峡，过东门浮桥（现为解放桥），入桂林城。他先后考察了叠彩山、伏波山、隐山，游览雉山、南溪山、刘仙岩、崖头以及北门诸山、象鼻山、斗鸡山、穿岩、龙隐岩、月牙岩、程公岩、西山、中隐山、侯山、辰山、尧山、黄金岩等。所到之处均深入调查，仔细观察，做记录，研究了岩溶地貌、岩溶洞穴的发育规律，并对很多自然现象提出了和现在相似的科学解释。

五月二十一日中午，徐霞客从桂林城浮桥门登舟，"南过水月洞东"，开始正式考察漓江和阳朔的历程。路过漓江上的"九马画山"后，他指出"江自北来，至是西折，山受啮，半剖为削崖，石质错㸑成章"。同时他还指出，"江流击水"致使"山削成壁"的水力冲刷作用的结论与现在河流侧蚀观点是一致的。当晚在兴坪泊舟，他在日记中写道："……抵画山，月犹未起，山隐空濛中。又南五里，为兴坪，月从群峰东隙出。舟泊候曙。漓江自桂林南来，两岸森壁回峰，中多洲渚分合，无翻流之石，直泻之湍，故舟行屈曲石穴间，无妨夜棹……"五月二十五日再乘船溯漓江返程，二十八日回到桂林，"抵水月洞北城下，入浮桥门"。徐霞客在漓江、阳朔考察总共8天，其间对漓江沿岸的秀丽风光、岩溶地貌、各种自然地理现象都进行了细致的观察，并做出了一些科学的结论，其对岩溶地貌、岩溶景观的研究已经具备了相当高的水平。

　　回到桂林后，徐霞客稍做休息，从六月初一开始再次考察桂林，此次考察了七星岩、栖霞洞，游览了青秀山、狮子岩、琴潭岩、荔枝山、平塘街、桂山，10天后结束桂林的考察研究，于六月十一日离开桂林。

　　徐霞客游桂林，详细记录了典型的岩溶地貌类型——峰林，他在游记中称之为"石山"。此外，徐霞客详细比较了不同地区不同的岩溶地貌类型，他指出广西、贵州、云南南部的峰林地貌分属于3种类型："粤西之山，有纯石者，有间石者，各自分行独挺，不相混杂；滇南之山，皆土峰缭绕，间有缀石，亦十不一二，故环洼为多；黔南之山，则界于二者之间，独以通箐见奇。"他进而分析道："滇山惟多土，故多壅流成海，而流多浑浊，惟抚仙湖最清；粤山惟石，故多穿穴之流，而水色澄清；而黔流亦介于二者之间。"现代地质与地理研究表明，云南是高原区，以岩溶断陷盆地为特色，盆地面积较大，盆地底部和山区洼地底部沉积有较厚的土壤层，而在坡地则土层较薄，水土流失严重；贵州高原分为两部分，高原本部以溶蚀盆地为主，高原面上也分布有锥状峰林和峰丛；贵州南部到广西东北部的斜坡地带则以峰丛洼地为主，高峰丛、深洼地，气势恢宏，广西则以峰林地形为特色，高耸石峰危峙于平面上，景观秀丽。

　　在《徐霞客游记》中，对桂林的描述除"石山"外，还有"洞"。徐霞客一生游览了100多个洞穴，而桂林和阳朔的就占了80多个。他对洞的描述很详细，如描述七星岩第一洞天"有石鲤鱼从隙悬跃下向，首尾麟腮"就很形象，后人就称之为"鲤鱼跃龙门"，也叫"红鲤鱼"。在300多年前，没有仪器，没有团队，徐霞客独自一人，只凭自己多年行走的经验，靠目测、靠步量就弄清楚了洞的结构，无论复杂还是简单，均做了详细的描述，甚至对部分洞穴的分布、规模、层数、结构都做了详细描述，与当今地质工作者的工作很相似。现在的桂林，他所走过的洞穴，大部分都可以进入和参观。

四、桂林印象

　　桂林山清、水秀、洞奇、石美，让前来参观的各国人士印象深刻，感叹不已。党和国家领导人多次视察桂林漓江，提出漓江保护方案等。早在1960年5月15日，在桂林至阳朔的船上，周恩来总理听取桂林地方领导的工作汇报，仔细审查正在兴建中的青狮潭水库的蓝图。当谈到桂林环境保护时，周总理指出："桂林山水很好，就是树木少了一点。两岸可多种一些竹子，竹子不但美观，还可以做很多有用的东西。"随后，时任国务院副总理陈毅、罗瑞卿到桂林视察。1963年1月28日，朱德元帅与徐特立、吴玉章、谢觉哉等到桂林视察。29日，77岁的朱德元帅和87岁的徐特立等健步登上叠彩山明月峰，并作诗唱和。朱德元帅作诗："徐老老英雄，同上明月峰。登高不用杖，脱帽喜东风。"徐特立应声唱和："朱总更英雄，同行先登峰。拿云亭上望，漓水来春风。"同年2月23日，时任国务院副总理兼外交部部长陈毅元帅陪同柬埔寨西哈努克亲王到桂林访问。陈毅副总理作了一首名为《游桂林》的诗，赠给桂林市和阳朔县的同志们。诗中写道："水作青罗带，山如碧玉簪。洞穴幽且深，处处呈奇观。桂林此三绝，足供一生看。愿作桂林人，不愿作神仙。"另一首诗《游阳朔》写道："桂林阳朔一水通，快轮看尽千万峰。""桂林阳朔不可分，妄为甲乙近愚庸。朝辞桂林雾蒙蒙，暮别阳朔满江红。"同年3月22日，时任全国人民代表大会常务委员会副委员长郭沫若到桂林视察。24日他写了《满江红·咏芦笛岩》一词，赞扬祖国"换了人间，普天下，红旗荡漾"；在《游阳朔舟中偶成四首》一诗中，写了"桂林山水甲天下，天下山水甲桂林。请看无山不有洞，可知山水贵虚心"的名句。郭沫若于1938年曾到过桂林，此次重游桂林，在《满江红·七星岩》一词中赞叹："廿四年，旧地又重游，惊变质。"他认为，桂林不仅是旅游城市，也是文化古城，"桂林金石富"一言，给予桂林石刻很高的评价。1973年10月，时任国务院副总理邓小平陪同时任加拿大总理特鲁多访问桂林。当邓小平看到桂林秀丽的山水和生态环境被废气、废水严重污染后，指出桂林是世界著名的风景文化名城，如果不把环境保护好，不把漓江治理好，即使工农业生产发展得再快，市政建设搞得再好，那也是功不抵过。

桂林以其甲天下的山水接待四方宾朋，很多外国要员考察桂林漓江时留下了无数的赞美。1961年5月15日，时任越南民主共和国主席胡志明访问桂林市并游览了叠彩山、七星岩等地。在阳朔，胡志明登上望江楼，眺望阳朔山水，触景生情，用中文写下了"阳朔风景好"和"桂林风景甲天下，如诗中画，画中诗。山中樵夫唱，江上客船归。奇！"的诗句。1963年2月23日，时任柬埔寨国家元首诺罗敦·西哈努克亲王和夫人，由时任国务院副总理陈毅和夫人张茜陪同抵达桂林市参观访问，游览了叠彩山、伏波山、七星岩、芦笛岩，乘船观赏漓江风光，并乘车到近郊穿山公社参观，向公社赠送柬埔寨的银鼎。诺罗敦·西哈努克亲王对陈毅副总理说："我游览过世界各地名胜，无一处可与桂林相比。"1973年10月，时任加拿大总理皮埃尔·埃利奥特·特鲁多称赞桂林是一座美丽的城市。1974年10月，时任丹麦首相保罗·哈特林也赞美漓江太美了，在世界上是独一无二的。1976年2月，时任美国总统理查德·尼克松访问中国，在游览桂林山水时说："我们所访问过的大小城市中，没有一个比得上桂林美丽。"1981年，比利时国王和王妃访问桂林后赞叹道："如今，愿望变成了现实。亲眼看到了桂林，名不虚传，风景确实很美，在世界上是一流的。"1985年10月16～17日，时任美国副总统乔治·布什访问桂林，他赞叹"就像许多中国人自古以来就知道桂林的壮丽风光一样，美国人听说以后，也会前来参观游览，桂林的自然风景确实迷人，堪称世界最美的地方之一"。时任美国总统威廉·克林顿于1998年7月2日访问桂林（图1-8），在七星公园发表环保演讲，之后游览漓江，他说道："桂林山水太美了，给我留下了深刻印象。"

图1-8　1998年7月，时任美国总统威廉·克林顿访问桂林

　　桂林山水秀丽迷人的风景除吸引国内外大量的游客、国际知名人士以外，还引起了国际科学界的高度关注，众多地质、地理、水文、环境、旅游等方面的国际知名科学家前来桂林开展科学考察。特别值得一提的是，1976年中国地质科学院岩溶地质研究所在桂林成立和2008年联合国教育、科学及文化组织国际岩溶研究中心落户桂林，进行广泛的国际科学合作与交流，大量的国内外科学家前来桂林开展科学研究，使桂林山水的科学内涵日渐丰富。改革开放初期，前南斯拉夫著名岩溶学家罗格里奇（J. Roglić）访问中国地质科学院岩溶地质研究所，开启了频繁的国际岩溶科学交流与合作的先河。20世纪70年代末以来，世界著名岩溶地貌学家、英国牛津大学地理系博士斯威婷（M. M. Sweeting）多次带领学生到桂林实习，专门认识桂林岩溶地貌，并撰写了大量的关于桂林岩溶地貌、中国西南岩溶地貌的论文在国际上发表，提出了以桂林为代表的"中国南方岩溶可能成为世界性的岩溶模式"的学术论断（Sweeting，1978）。1988年在桂林市举办了以"岩溶水文地质和岩溶环境保护"为主题的第21届国际水文地质大会，这是当时中国地学界规模最大的一次国际会议，出席会议的有

来自32个国家的代表400余人，也就是这个机会，让世界众多的科学家开始认识桂林，并留下美好的印象。之后，中国地质科学院岩溶地质研究所的袁道先院士连续担任联合国教育、科学及文化组织与岩溶相关的国际地球科学计划IGCP299、IGCP379和IGCP448的国际工作组主席，为更多的国际学者认识桂林岩溶地貌提供了条件。2013年4月，在桂林召开了"岩溶资源、环境与全球变化——认识、缓解与应对"国际学术会议，来自13个国家和地区的138名代表参加，参会单位有50个，再次展示了桂林山水的魅力。2014年6月，桂林被列入"中国南方喀斯特"世界自然遗产名录，彰显了桂林山水的世界魅力。2018年，桂林成为中国政府贯彻联合国可持续发展议程的创新示范区，积累在脆弱环境区实现可持续发展的经验，并在国际上进行推广。同时，桂林的发展大力抓住"一带一路"的机遇，依靠联合国教育、科学及文化组织国际岩溶研究中心与"一带一路"沿线国家在岩溶科研和发展上的合作，提出了岩溶山水资源研究和保护的桂林方案。

　　"桂林山水甲天下"，保护桂林山水，阐明桂林山水的科学价值是政府部门和岩溶科技工作者的重大责任。《桂林山水》一书即是基于这样的初衷，通过历史研究资料的收集、分析、整理和总结，阐明桂林山水的科学意义，为保护桂林山水，促进山水与人文协调可持续发展提供科学认识。

第二章

桂林世界独特的亚热带岩溶地貌

　　"桂林山水甲天下"，桂林的山奇特多姿、秀丽迷人、独绝于世，它们孤立挺拔，肖然屹立于平地之上，乱尖叠出，丛聚于山野之中，给人以强烈的视觉冲击，形成了无与伦比的美学价值。在地下，奇洞幽深、钟乳悬空、笋柱林立、暗流交织，构成了奇妙的地下世界，成为另一处引人入胜之地。三维立体的地表、地下的各种岩溶景观，使桂林成为世界著名的风景名胜地区。

　　碳酸盐岩的古老坚硬，季风气候的水热配套条件，新生代以来的大幅度抬升，未受末次冰期大陆冰川的刨蚀破坏作用的影响，桂林地表地下举世无双的各种岩溶形态才得以保存，并记录下形成时的环境信息，成为环境变化的"档案馆"。桂林地区的各种岩溶形态是典型的热带亚热带岩溶地貌的代表，主要的小形态有溶痕、溶盘、波痕等，主要的大形态有洞穴、坡立谷、地下河等，主要的宏观形态有峰丛、峰林以及相关的组合形态，代表了大陆内部热带—亚热带气候条件下的岩溶地貌发育形式，是全球塔状岩溶形成发育的"教科书"，是中国乃至世界上最优美和最壮观的形态组合，桂林岩溶也因此成为世界自然遗产。

一、桂林市的地理地质

　　桂林市地处广西壮族自治区东北部，湘桂走廊南端（图2-1）。东北与湖南相邻。湘桂铁路与漓江纵贯南北，贵广高速铁路横

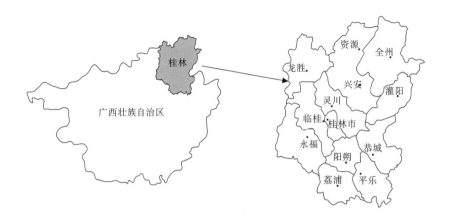

图2-1   桂林市地理位置及行政区划示意图（仅作示意图，边界不作为划界依据）

穿全境，有321国道、322国道、323国道穿过。地理坐标为东经
110° 9′～110° 42′，北纬24° 40′～25° 40′。平均海拔150米，北、东
北面与湖南交界，西、西南面与柳州市、来宾市相连，南、东南面与梧
州市、贺州市相连。

　　桂林是国际旅游城市、国际旅游综合交通枢纽、国家历史文化名
城、区域性中心城市，是中国面向欧亚、连接东盟的区域性文化旅游重
要国际化城市和"一带一路"有机衔接的重要门户城市，是全国首个国
家旅游综合改革试验区，是国家可持续发展议程创新示范区。桂林市现
辖6个市辖区、1个县级市、8个县、2个自治县，即秀峰区、叠彩区、七
星（高新）区、象山区、雁山区、临桂区，荔浦市，灵川县、兴安县、
全州县、灌阳县、资源县、永福县、阳朔县、平乐县，龙胜各族自治
县、恭城瑶族自治县。乡级行政区有165个。

1. 地形

　　桂林市地处南岭山系的西南部，为中、低山地形，有岩溶山地、
丘陵和台地。桂林为典型的岩溶地貌区，地形两侧高、中部低，处在
自西北向东南延伸的岩溶盆地中，北起兴安，南至阳朔。东边以海洋

山为界，西至架桥岭，海拔分别为1936米和1226米。北部为越城岭，是长江和珠江的地区分水岭。猫儿山为越城岭的最高峰，海拔为2142米。

2. 气候

桂林地处北半球低纬地区，属亚热带季风气候，气候温和，降水丰沛，热量丰富，四季分明，无霜期长，光照充足，且雨热基本同季，气候条件十分优越。桂林年平均气温为19.3摄氏度，7月最热，月平均气温为28摄氏度，1月最冷，月平均气温为7.9摄氏度，年平均无霜期309天，年平均降水量为1949毫米，年平均蒸发量为1684毫米，年平均相对湿度为74%。全年风向以偏北风为主，年平均风速为2.5米/秒。年平均日照时数为1670小时。平均气压为994.9百帕。

3. 区域地质

桂林地区的碳酸盐岩分布在近南北延伸并向西凸起的弧形构造带中（图2-2）（茹锦文等，1991）。碳酸盐岩从中泥盆统到下石炭统，有东岗岭组（D_2d）、桂林组（D_3g）、融县组（D_3r）、岩关阶（C_1y）和大塘阶（C_1d）层组，碳酸盐岩的总厚度达4600米。岩性包括泥晶灰岩、生物灰岩、亮晶灰岩、白云质灰岩和白云岩等，具有质纯层厚的特点，其中以融县组灰岩更纯，呈厚层致密块状，碳酸盐岩体内不存在明显的不透水岩层，极利于岩溶发育。桂林地区总的地势为四周高、中间低的盆地，该盆地呈南北向狭长延伸，地面海拔200～800米；岩溶区位于其中部，四周为由下古生界的微变质碎屑岩构成的非岩溶地层。主河道漓江贯穿盆地的中部，总长473千米，发源于北部的越城岭，漓江从北至南沿着向斜穿过峰林蜿蜒南延，进入大圩的峰丛洼地，通过峡谷进入阳朔，由梧州市入西江。该河在桂林附近的年均流量约130米³/秒。特殊的地质地貌结构和水文系统，使得本岩溶区能够获得大量的外源水补给。

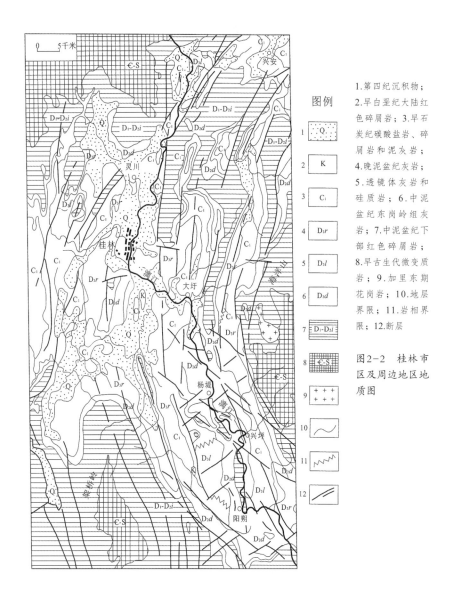

图例

1 Q
2 K
3 C₁
4 D₃r
5 D₃l
6 D₂d
7 D₁-D₂i
8 ∈-S
9 + + +
10
11
12

1.第四纪沉积物；
2.早白垩纪大陆红色碎屑岩；3.早石炭纪碳酸盐岩、碎屑岩和泥灰岩；
4.晚泥盆纪灰岩；
5.透镜体灰岩和硅质岩；6.中泥盆纪东岗岭组灰岩；7.中泥盆纪下部红色碎屑岩；
8.早古生代微变质岩；9.加里东期花岗岩；10.地层界限；11.岩相界限；12.断层

图2-2 桂林市区及周边地区地质图

二、桂林岩溶地貌的总体特征

桂林岩溶地貌的最大特征为在地质背景控制下，同时分布峰林和峰丛两种典型的亚热带岩溶地貌（图2-3、图2-4）（覃厚仁等，1988）。从岩溶形态组合上看，桂林岩溶地貌主要为亚热带岩溶类型。地表宏观

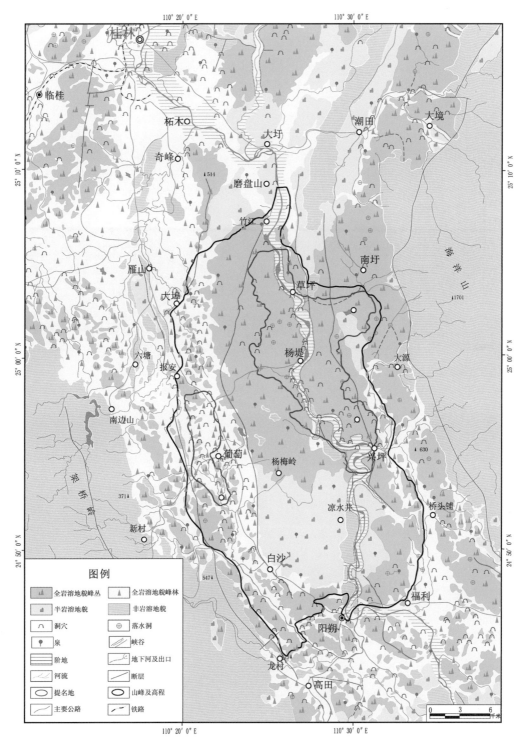

图2-3　广西桂林区域岩溶地貌图

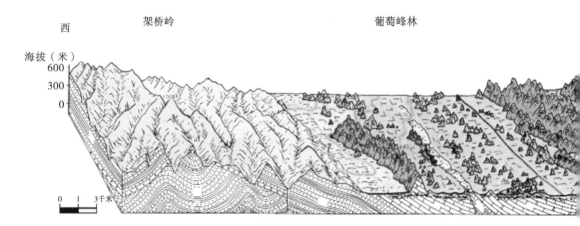

图2-4　桂林岩溶地貌剖面图（东-西）

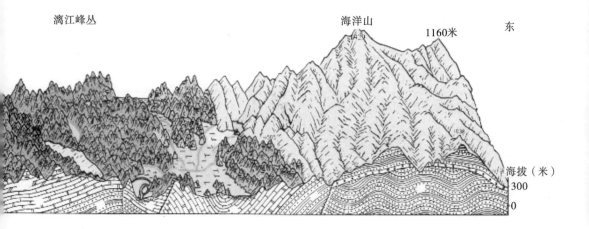

岩溶形态主要为峰丛洼地和峰林平原（图2-5、图2-6），其分布面积分别为1202.5平方千米和1226.3平方千米。峰丛洼地最大的一片位于桂林雁山区草坪乡潜经村至桂林阳朔县兴坪镇的漓江两岸，并沿海洋山麓连续分布绵延约100千米（图2-7）。桂林阳朔县遇龙河两岸（图2-8）、桂林东部的西河两侧，以及高田、会仙等地均有峰丛分布（朱学稳等，1988）。桂林的峰林平原的分布范围大致北起桂林市区，向南和西南延展，经庙头、会仙、六塘、大塘、阳朔县葡萄直至白沙，再断断续续延至福利、青鸟一带（朱学稳等，1988）。

图2-5　从桂林西北郊光明山远眺桂林城
（远处底座相连的峰体为峰丛、近处单座孤立峰体为孤峰）

图2-6　桂林小河里（草坪乡）拍摄的漓江西岸的峰丛

图2-7 桂林杨堤附近的峰丛

图2-8 桂林阳朔遇龙河西岸的峰丛地貌

对于桂林岩溶地貌的形成，袁道先（1992）总结出4个独特的条件：①桂林碳酸盐岩主要为三叠纪以前的碳酸盐岩，质地坚硬；②水热同期的亚洲季风气候；③新生代以来的强烈抬升；④未遭受末次冰期大陆冰盖的刨蚀。四大因素的共同作用下，造就了挺拔陡峭的峰林和连片的峰丛地貌。

由于峰林、峰丛的差异，其形成的原因，目前主要存在3种不同的认识：①峰林是由峰丛演化而来，遵循峰丛→峰林→孤峰→平原化的戴维斯地貌演化规律（卢耀如，1965；中国科学院地质研究所岩溶研究组，1979；任美锷和刘振中，1983）。②同时态学说，即认为峰林平原和峰丛洼地在岩溶峰林地貌系统中属于同一层次，是在不同的初始条件和环境之中产生和发展的（朱学稳等，1988；朱学稳，1991）。③袁道先（1984）针对桂林峰林平原的研究指出2个问题，第一，外源水是峰林平原发育的重要因素；第二，奇峰镇至雁山之间没有石峰的平原并没有发育峰林，只是一直在剥蚀白垩纪红层，这也基本否定了桂林峰林平原由峰丛洼地演化而来的观点。

由于桂林年降水量较大（＞1800毫米），石灰岩如上泥盆统融县组灰岩质纯、坚硬、厚度大，地表岩溶小，形态非常发育，多以尖溶痕（图2-9）、深溶沟（图2-10）和溶盘为特色。

图2-9　桂林丫吉试验场尖溶痕和溶沟

图2-10　桂林葡萄报安村盘龙洞附近的深溶沟

　　岩溶区地上、地下双层结构发育，地下形态以大型洞穴、地下河、岩溶泉为主要特色。桂林当地人对桂林洞穴的认识是"无山不洞"，几乎每一座岩溶峰体中均发育有洞穴（图2-11、图2-12），而一些峰体中不同水平面可能发育有多层洞穴，甚至整个山体形成贯通的洞穴。据统计，桂林岩溶区共有约3000个较大规模的洞穴，洞穴结构复杂，既有廊道又有较大的厅堂，洞穴的溶蚀形态、沉积堆积形态也很丰富。

　　地下含水系统高度发育，大型地下河、岩溶泉分布广泛，桂林境内分布的较大型地下河系统有豆芽岩地下河（图2-13）、冠岩地下河（图2-14）、寨底地下河、毛村地下河、浪石地下河等。主要的岩溶泉有丫吉试验场S31号泉（图2-15）、甑皮岩泉域系统、长流水等。由于岩溶高度发育，地表水和地下水转换频繁，一些地下河系统也明暗相间，地表也多天窗、溶潭（图2-16）等形态。中国地质科学院岩溶地质研究所在桂林地区做过详细的研究工作，一些地下河、岩溶泉被选作长期的观测站点，成为研究岩溶水文地质的重要场所。

图2-11　桂林阳朔兴坪镇罗田大岩北口（图中部显示洞穴入口）

图2-12　桂林阳朔兴坪镇娥古岩（图中部显示洞穴入口）

图2-13 桂林七星公园豆芽岩地下河出口

图2-14 桂林冠岩地下河出口

图2-15　桂林丫吉试验场S31号泉出口（流水出口的矩形堰主要用来监测泉水流量）

图2-16　桂林葡萄报安村盘龙洞附近的溶潭

桂林岩溶地区地下侵蚀和沉积、堆积形态丰富，侵蚀形态有反映地下河古水位的阶段性与变化性的洞道水平边槽（图2-17）和反映地下河水流方向的窝穴与贝窝。堆积形态有洞穴重力坍塌的石块（图2-18），有洞外携带进入的非碳酸盐砾石（图2-19）和黏土（图2-20）等。洞内沉积形态有石笋（图2-21）、石钟乳、钙华台、流石坝（图2-22）。

图2-17　桂林七星公园龙隐洞发育的多期边槽

图2-18　桂林罗田大岩洞口的坍塌石

图2-19　桂林葡萄报安村盘龙洞洞道内堆积的砾石层

图2-20　桂林葡萄报安村盘龙洞附近水洞堆积的黏土

图2-21　桂林罗田大岩洞的巨型石笋

图2-22　桂林茅茅头大岩洞穴内的流石坝

众多世界著名地质学家、地理学家、岩溶学家、旅行家来桂林考察后，均一致认为桂林地区的岩溶地貌是世界上热带亚热带岩溶地貌的典型代表，具有极高的自然美学价值和科研价值，代表了大陆内部湿润热带—亚热带气候条件下的岩溶地貌发育模式，是世界上具有典型意义和重要价值的岩溶地貌类型。因此世界著名岩溶地貌学家、英国牛津大学地理系博士M. M. Sweeting在考察桂林及中国南方的岩溶地貌后提出，以桂林为代表的"中国南方岩溶可能成为世界性的岩溶模式"（Sweeting，1978）。

三、桂林岩溶小形态

1. 岩溶形态组合

在对桂林地区乃至整个中国岩溶区进行形态对比和发育研究时，以什么样的科学理论或思想做指导是得出科学认识、阐明不同地区不同环境岩溶发育规律和解决资源环境问题的关键。比如桂林市区的孤峰，与华南的丹霞山、西北的雅丹石林形态类似，是什么关系？桂林的峰林地貌与张家界的峰林、北京十渡的峰丛是什么关系，是否都是岩溶作用形成的？要回答这些问题就必须以一个统一的岩溶学术思想做指导。20世纪90年代初，联合国教育、科学及文化组织在资助全球第一个有关岩溶的国际地质对比计划 IGCP299"地质、气候、水文与岩溶形成"项目时，项目负责人和国际工作组主席袁道先提出的利用岩溶形态组合的概念进行全球岩溶对比研究得到联合国教育、科学及文化组织和相关国际专家的认可。

岩溶形态组合（karst feature complex）是指一组在大致相同环境里形成的，由地表形态和地下形态、宏观形态和微观形态、溶蚀形态和沉积形态组成的岩溶形态。因为岩溶动力系统对环境反应敏感，水动力条件和二氧化碳（CO_2）动态是影响岩溶动力系统运行的主要因素，而这两大因素与生物气候条件关系密切，生物气候条件通过水动力条件和CO_2动态影响岩溶形态及其组合的形成和演化，所以岩溶形态及其组合能够从不同侧面反映岩溶发育的环境状况，是岩溶发育环境的标志。岩溶形态组合是岩溶环境系统分类的重要依据，是岩溶环境学和现代岩溶学研究的重要内容。

20世纪60年代初，中国学者首先提出岩溶形态组合这一研究思路和方法。岩溶形态组合研究思路和方法是针对传统概念的"岩溶地貌组合形态"而提出的。岩溶地貌组合形态，如峰林—平原、峰丛—洼地、丘丛—洼地等，只是考虑了地表宏观溶蚀地貌组合，而没有考虑将其与微观形态、沉积形态和地下形态综合起来研究。区别于岩溶地貌组合形态，岩溶形态组合不仅考虑了地表的宏观溶蚀形态，而且考虑了地下的、微观的和沉积的岩溶形态，更考虑了岩溶发育环境对岩溶形态组合的综合作用，从而使得对岩溶形态的研究更具系统性，对岩溶环境系统和岩溶发育过程的理解更加全面和透彻。

岩溶形态组合研究方法和思路的提出与运用有利于克服岩溶学研究中由单形态对比造成的"异质同相"现象的混乱。例如，峰林地貌可以由风力作用形成而出现在干旱和半干旱地区，但这种峰林无溶痕、无溶洞，与湿热岩溶区的峰林地貌存在本质区别；张家界在砂岩条件下也形成峰林地貌，但无岩溶峰林地貌的洼地和溶痕；另外，高寒条件下形成的霜冻蚀余石林，其形成条件与形成过程也有特殊的一面，与南方的高大石林在形成过程中有本质区别。可见，以地球系统科学理论为指导，以岩溶形态组合方法为研究思路，不仅注重现象，更加注重本质；不仅注重局部，更加注重整体；不仅注重单体形态，更加注重其形态组合，对比区域岩溶发育和分布规律是克服由"异质同相"引起的混乱的根本方法，也是现代岩溶学研究的重要特征之一。岩溶形态组合研究方法和思路的提出与运用推动了由联合国教育、科学及文化组织和国际地质科学联合会组织的国际岩溶对比计划的顺利进行。

依据我国岩溶发育环境的不同、单体岩溶形态及岩溶形态组合的差异，我国岩溶形态组合可划分为南方湿润热带亚热带岩溶形态组合（Ⅰ）、北方半干旱—干旱岩溶形态组合（Ⅱ）、西部高原高山高寒岩溶形态组合（Ⅲ）、温带湿润岩溶形态组合（Ⅳ）四大类。

桂林地区的岩溶形态属于南方湿润热带亚热带岩溶形态组合。该岩溶形态组合类型北界是秦岭、淮河一线，西界沿四川盆地西部山地的东缘向南至云南的昭通、楚雄和芒市。我国南方湿润热带亚热带岩溶形态组合区的年平均降水量在800毫米以上，年平均气温在10摄氏度以上，南部热带岩溶区的年均降水量更高达1200毫米以上，年均气温高达15摄氏度以上，桂林地区内水热条件配合较好，植被茂盛，岩溶发育，岩溶形态多样。南方湿润热带亚热带岩溶形态组合地表是以峰林地形为标志的一套形态组合，地面常见的大型岩溶形态及其组合有峰林、峰林平原、峰丛、峰丛洼地，其中峰丛洼地和峰林平原为正负地形组合形式。在桂林地区从宏观到微观，从地表到地下，从沉积到溶蚀的岩溶形态组合，使得我们能够区别于其他"假岩溶地貌"，同时，也可以研究各种形态的差异，探究形态的成因。

2. 溶痕（karren）

溶痕是岩溶地区分布最为广泛的一种岩溶小形态，是水沿可溶性岩石的表面进行溶蚀作用所形成的微小形态，是可溶性岩石—二氧化碳—水活跃的相互作用所塑造的典型岩溶形态。可溶性岩石表面的溶痕深度为数毫米至几十厘米，宽度为数毫米至数十厘米，长度为数厘米至数米乃至十几米。溶痕的形态随着其不同的发育环境和发育历史而各不相同。桂林地处亚热带季风气候区，降水丰沛，雨热同期，又多暴雨，常在岩石表面形成较强的面流，因此发育的溶痕比较密集，坡度比较陡，两道溶痕之间的棱角往往很尖（图2-23、图2-24），这与我国温带半干旱地区石灰岩表面发育的浅、缓溶痕明显不同（图2-25）。在岩溶学研究中，溶痕提供了非常重要的岩溶发育过程的信息，主要有（Marton

Veress，2010）：①相对于一些地貌类型或岩溶形态来讲，溶痕虽然在发育规模上较小，但是能同地表一些大规模的地貌现象进行对比研究，是地球表面小的"地形模块"。由于溶痕形成过程相对快速，因此它也有助于了解更大尺度的地貌过程，如地表剥蚀。②通常在溶痕表面能够直接观测到溶解过程，因此对溶解过程进行详细的研究可揭示水对可溶性岩石的溶解和侵蚀过程，进而深刻理解岩溶发育过程。③深入研究现代溶痕的特征，有助于认识古溶痕的形成过程，进而能够理解古溶痕和古岩溶形成的环境，能够更加详细地阐明一个地区的岩溶发育环境。④溶痕形成过程对于环境变化较为敏感。通过对溶痕形态的变化和破坏进行分析，能够了解环境变化的过程。比如，一些溶痕形成于从冰川下暴露出来的碳酸盐岩表面，因此通过了解溶痕的发育过程，能够揭示冰川退缩的过程，间接了解区域气候变化过程。再如，一些溶痕只在土壤中形成，一旦它们暴露于地表，就能够提供区域土壤侵蚀（剥蚀）的信息，反映区域土地利用变化。

图2-23　桂林丫吉试验场泥盆系灰岩上发育的溶痕和溶沟

图2-24　桂林七星公园普陀山上的溶痕

图2-25　天津蓟县元古代碳酸盐岩表面发育的溶痕

3. 溶盘（kamenitze，kamenica）

溶盘是在碳酸盐岩表面形成的小型封闭状溶坑，常呈圆形，直径在几厘米至1米之间，深度为几厘米至十几厘米（图2-26）。溶盘底平壁陡，中间常留有一层藻类、苔藓等构成的腐殖土（图2-27）。溶盘的发育并不受岩石的微小裂痕或流经岩石表面的水流所控制，而是受腐殖土所产生的生物CO_2及有机酸不断溶蚀可溶岩表面而形成（图2-28）（Bögli，1980）。溶盘发育于比较湿润，且利于植物生长的环境。

图2-26　桂林丫吉村硝盐洞附近的溶盘　　　　图2-27　桂林丫吉村硝盐洞附近的溶盘

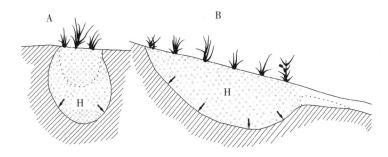

A.表面水平岩石；B.表面倾斜岩石；H.腐殖土，虚线表示初始形态；箭头表示生物CO_2侵蚀方向
图2-28　溶盘发育过程示意图

4. 波痕（scallop）

　　岩溶地区的波痕是在水流运动比较活跃的地区的洞穴中常见的小形态，它是由紊流水的溶蚀和侵蚀作用，在洞壁或洞外岩壁上形成的一种波状凹入的形态。常成群出现，长度变化范围较大，几毫米至几米不等。单个的波痕呈贝壳形，也称为"贝窝"。波痕剖面不对称，迎水面缓而长，背水面陡而短，其陡侧为水流的上游方向，因此它能够指示水流的运动方向（图2-29）（Blumberg，1970；Curl，1974），常用来判断一个地区的古水文状态及对洞穴发育的影响。美国洞穴学家柯尔（Curl，1966，1974）根据波痕的波长，按下式推导出其形成时的水流速度：

$$v=（\mathrm{Re} \times K）/L$$

　　式中：v为波痕形成时的流速；Re为雷诺指数；K为水的运动黏滞性，它随着温度的升高而变小；L为波长。

　　桂林地区波痕发育最为典型的地方为七星公园内的龙隐洞（图2-30），在高 8～12米、宽8～20米、长不过60米的洞穴内，从洞底至洞顶发育了密集的波痕，其中，洞顶至高出洞底4米以上的洞壁上的波痕显示古水流方向为自西口流向北口，而在约4米高度以内的波痕则显示古水流方向为自北口流向西口，这与今日小东江流向一致。由此可以推断该洞穴可能是小东江地面水道旁侧的一个"回流洞"（朱学稳等，1988）。

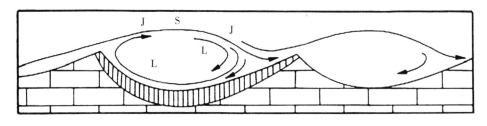

S.水流运动剪切面；L.涡流；J.射流

图2-29　波痕水流运动过程示意图

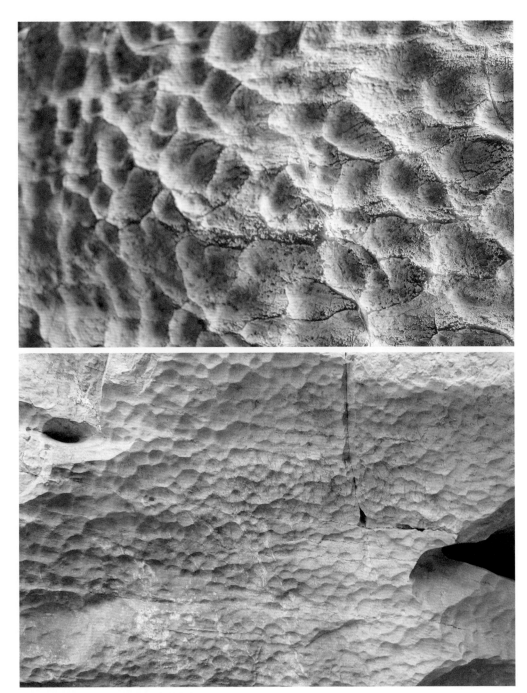

图2-30　桂林七星公园龙隐洞内的波痕
（上：近景，下：远景）

5. 边槽（notch）

边槽是历史上地表水或地下水水面所留下的溶蚀痕迹，是历史水位的记录，标志着过去曾有过雨水丰沛或有较大的地表水体，或反映地下水体活动的时期（图2-17、图2-31）。边槽常发育于岩溶平原或盆地边的陡崖上，或孤峰周边脚洞壁上，或可溶岩岩壁上，常有上下数层（图2-17），指示了过去水位的多次变化过程。另外，形态类似边槽而延伸短，中部深入侧壁，两端沿洞壁尖灭的弧形槽，称为蚀龛（niche），系曲流作用造成。由于边槽的形态受控于形成时的水位，因此它不受岩层层面、裂隙面或节理面的控制，独自成形（图2-32），这是野外判断岩溶作用形成的边槽和其他构造作用形成的槽状形态的重要区别。当然，这种判断也不能绝对化，如果区域岩层的层面、裂隙面或节理面近乎水平，在具有适当的地下水或地表水水位时，也能够沿岩层层面、裂隙面或节理面形成边槽，并且有利于边槽的形成，这需要结合实际的地质地貌情况进行分析。

图2-31　桂林独秀峰下月牙池边发育的巨型边槽

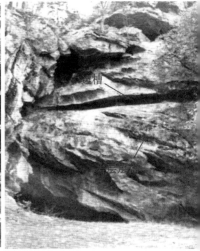

图2-32　桂林雁山园内孤峰上发育的边槽（边槽同岩层层面斜交，不受层面控制）

四、桂林岩溶大形态

1. 洞穴（cave）

洞穴通常定义为人可进入的一种自然形成的地下空间，它包括岩溶作用、火山作用、崩塌作用、侵蚀作用等所形成的地下空间。目前，由于人类活动对地表进行了大规模的改造，在一些区域也形成了大规模的人工洞穴，国内外一些科学家也对人工洞穴开展了广泛的研究。由于洞穴分布的广泛性，成因的复杂性及景观资源的多样性，洞穴学（speleology）已逐渐发展成为一门独立的学科，岩溶洞穴成为洞穴学重要的研究对象。岩溶洞穴是受到岩溶作用（可能也包括部分侵蚀作用）所形成的空间，当地下管道的直径达到一定尺寸（在水动力条件允许的情况下，这个尺寸足以使地下水产生流动）或者在补给区与排泄区之间的延伸长度很大且连续时，就可构成一个完整的洞穴系统。岩溶作用所形成的洞穴，按成因可分为包气带洞、饱水带洞和深部承压带洞等。包气带洞（图2-33）（袁道先等，2016）是在包气带内，从裂隙、落水洞和竖井下渗的水，沿着各种构造面不断向下流动，同时扩大空间，从而形成大小不一、形态多样的洞穴。饱水带洞（图2-34）（袁道先等，2016）是在饱水带内发育的溶洞，此类洞穴有迷宫式展布、层面网状溶沟、洞顶悬吊岩和溶痕等特征。深部承压带洞（图2-35）则以分布较局限，并受裂隙、节理、层理等构造形迹控制为特征。成因不同的溶洞在展布形式、纵横断面特征、洞壁溶蚀侵蚀蚀痕（speleogen）、沉积物特征方面，都有不同的标志。桂林市比较有名的洞穴系统有芦笛岩、七星岩、隐山六洞、龙隐洞、甑皮岩、南溪山洞穴、岩门底洞穴、莲花岩洞穴、碧莲洞洞穴、罗田大岩洞穴、盘龙洞等。

图2-33　包气带洞（猛犸洞）

图2-34　饱水带洞

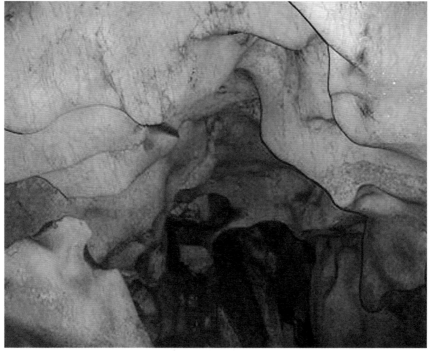

图2-35　深部承压带洞

（1）隐山六洞

　　隐山位于桂林市西山公园内，是桂林市西部一处著名的景区。隐山南北宽80米，东西长150米，高仅40余米。隐山以洞多闻名，"不高而中空"，发育有峰林平原区典型的脚洞系统，洞穴体积占山体体积的1/7，洞洞相连，十分精巧，且为"流入型"洞穴（图2-36）。隐山六洞包括上层的嘉莲洞、白雀洞；中下层东有朝阳洞，南有南华洞，西有夕阳洞，北有北牖（yǒu）洞。此外，还有龙泉洞、高隐洞等。"一座巧孤山，六个神仙洞"，六洞各呈姿态，多与地下水相连，成为地下"龙宫"，有人称赞"乃八桂岩洞最奇绝处"。洞景奇幻，各有千秋；山下有清泉，山上林木茂密，山花烂漫，怪石嶙峋。小小的隐山遍布胜迹，平添了无限光彩，使隐山在人们的心目中远比它的山体高大壮观（图2-37）。

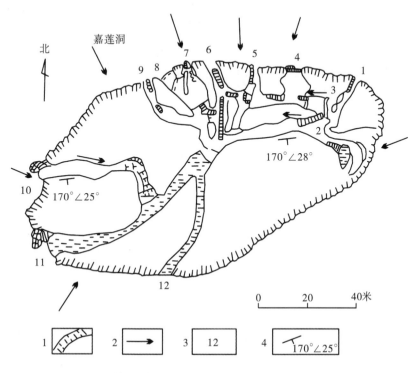

1. 洞底；2. 地表水流入方向；3. 洞穴编号；4. 地层产状
图2-36　隐山洞穴空间分布图

图2-37　隐山周围环境分布情况

（2）龙隐洞

龙隐洞，位于七星公园月牙山的西侧山脚下，小东江边。龙隐洞长仅64米，高8～12米，宽8～20米，断面变化不大，发育于泥盆系融县组灰岩地层中。龙隐洞洞顶有条天然蜿蜒的天沟，天沟与洞体等长，沟壁多有波状流痕，根据流痕分析，天沟水流多从两端向中部汇集，故天沟可能形成于龙隐洞洞穴之前或发育初期。根据龙隐洞洞壁波状流痕分析，龙隐洞可能为小东江地面水道旁的一个回流洞（图2-38）。

龙隐洞洞口写有"破壁而飞"四个大字，洞壁波痕状像龙鳞，因此古人留下"飞腾不知几千载，至今点点龙鳞开"的诗句。龙隐洞以及

图2-38　龙隐洞

　　附近龙隐岩内碑刻遍布，以至于"壁无完石"，故称桂海碑林。碑林共有碑刻220多件，内容涉及政治、经济、军事、文化、民俗等，形式多样，有诗、文、歌、赋、对联、图等，字体有楷书、草书、隶书、篆书等，具有极高的史料价值和书法艺术欣赏价值。

（3）甑皮岩

甑皮岩位于桂林市南郊的独山，西北—东南方向延伸。平面图近椭圆形，高80余米，由上泥盆统质纯的石灰岩组成，洞口朝向西南，宽13米，洞长仅15米，洞高2米，向里渐低，洞内面积约200平方米；洞底尚较平坦，洞口底部海拔为151.5米，高出洞外低地1.5米；东部有一个有水溶洞，可见水面宽度4米，水深大于2米（图2-39）。

甑皮岩是我国迄今为止所发现的洞穴古人类遗迹中，保存完整的人类遗骸数量最多的洞穴遗址，它是中华民族古代文明的又一见证。

图2-39　甑皮岩遗址

2. 地下河（subterranean river）

地下河是指可溶岩（主要是碳酸盐岩）岩体内部具有一定规模的管道状（单一管道或者多种方式组合的管道系）流动水体，也称为暗河、阴河，是具有地表河流主要特性的岩溶地下通道（图2-40）（袁道先等，2016）。它是区域地下径流集中的通道，常具有紊流运动特征，并有自己的汇水范围，其动态变化明显受当地大气降水影响。地下河的规模和地下河系的完善程度取决于岩溶作用的方式和程度。由地下河的干流及其支流组成的地下通道系统称地下河系。地下河是我国南方岩溶地下水资源赋存的主要形式。在南方岩溶峰林谷地里，地下河把地层溶蚀得千疮百孔，使人类的脚下密布着大大小小的孔道，流水常年川流不息。地球上从没有哪个地区，像岩溶峰林—峰丛区那样，地上与地下，通过流水，串联成一个整体。1985年杨立铮利用西南岩溶地区二十万分

图2-40　地下河

之一水文地质普查报告统计了我国西南岩溶地区流量50升/秒的地下河有2836条，总长13919千米，流量达1482米^3/秒。1992年李国芬统计了我国流量大于50升/秒的地下河（含伏流）有2525条，大泉2764个，总流量为$2.4×10^{11}$米^3/年，其中广西、贵州、云南、四川（当时包含重庆）、湖南、湖北和广东的地下河有2497条，大泉2450个。2007年覃小群等在国家地质调查项目的支持下统计了广西有主要地下河445条，流域总面积约为40500平方千米，枯季总流量为196.9米^3/秒。地下河的形成、发育与演化受到区域地层、构造、水文和气象条件的综合控制，因此地下河类型有多种划分方法。根据地下河管道的空间展布形式可分为羽毛状、侧枝状、树枝状、锯齿状、单管状、伞状和网格状等；根据地下河水循环条件和水动力特征可划分为汇流型、分流型和平行流型地下河；根据地下河演化过程的影响因素可划分为受古溶蚀侵蚀谷控制、受洼地发育控制和受断裂带控制3种类型。按照地下河流域面积可划分为贵州罗甸大小井地下河系统（流域面积2062平方千米）、云南蒙自—开远南洞地下河系统（流域面积1681平方千米）、广西都安地苏地下河系统（流域面积1004平方千米），这是我国排名前三的超大型地下河系统。

桂林境内地下河系统分布也十分广泛，主要的大型地下河有七星岩（豆芽岩）地下河、海洋—寨底地下河系统、毛村地下河、冠岩地下河系统等。

（1）海洋—寨底地下河系统

海洋—寨底地下河系统位于桂林市东部灵川县境内，是我国西南典型的岩溶含水系统，是国土资源部野外科学观测研究基地。海洋—寨底岩溶地下河系统流域面积为33.6平方千米，桂林地区属于中低山峰丛洼地和峰林谷地地貌，地下河总出口枯季流量为85～120升/秒。地下河系统结构完整，东西边界为非碳酸盐岩隔水边界，北部为地下分水岭，南部为地下河集中排泄带。地下河系统内明流与暗流相间，多次循环，具有研究岩溶含水介质结构和水流运动规律的典型条件（图2-41、图2-42）（易连兴等，2017）。

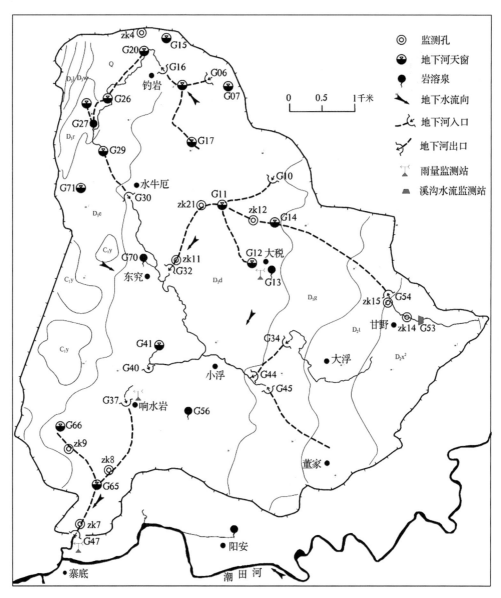

图2-41　海洋—寨底地下河系统水文地质简图

图2-42 海洋—寨底地下河系统总出口监测站

（2）毛村地下河

毛村地下河位于桂林市东南的潮田乡，地下河长约5.1千米，流域面积约11.2平方千米，分为岩溶区与非岩溶区两部分，两者在山湾一带交界，其中碳酸盐岩面积与非碳酸盐岩面积分别为7.6平方千米和3.6平方千米，外源水对毛村地下河系统的贡献占地下河水的22%（图2-43、图2-44）（汪进良，2005；唐进等，2011）。主要含水岩组为上泥盆统融县组（D_3r）灰岩，其次为中泥盆统东岗岭组（D_2d）灰岩、白云岩，并有中统下段应堂组（D_2^1）砂岩、页岩。岩溶区内洼地较为发育，密度为1.29个/千米^2，平均面溶蚀率为17.9%，含水介质以岩溶管道为主，兼有岩溶裂隙发育。毛村地下河系统的补给来源包括内源补给与外源补给，内源补给主要是来自岩溶区的降水，外源补给有2处：①小龙背地表河水经过一段距离的地表明流进入岩溶区地下管道在扁岩汇入；②磨刀江地表河水经岩溶区地下管道在社更岩汇入。这两股水与来源于白云岩地区的背地坪岩溶水在掌山底汇合后进入地下管道，流经穿岩，明流与暗河相间，流经大岩前，最终在毛村地下河出口排出（图2-44）。

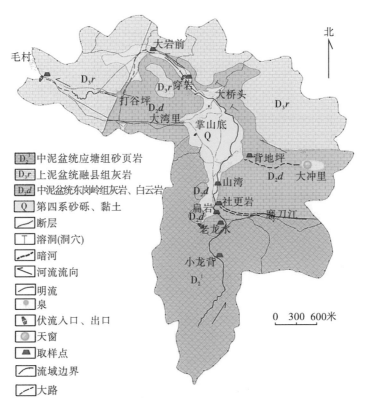

图例：

- D_2^1　中泥盆统应塘组砂页岩
- D_3r　上泥盆统融县组灰岩
- D_2d　中泥盆统东岗岭组灰岩、白云岩
- Q　第四系砂砾、黏土
- 断层
- 溶洞（洞穴）
- 暗河
- 河流流向
- 明流
- 泉
- 伏流入口、出口
- 天窗
- 取样点
- 流域边界
- 大路

图中注记：毛村　大岩前　北　D_3r　D_3r穿岩　大桥头　打谷坪　D_2d　大湾里　掌山底　Q　背地坪　D_2d　大冲里　山湾　D_2d　社更岩　磨刀江　扁岩　D_2d　老龙水　小龙背　D_2^1

0　300　600米

图 2-43　毛村地下河水文地质简图

图2-44　毛村地下河主要出口

3. 盲谷（blind valley）

盲谷，是岩溶地区没有出口的地表河谷。地表有常流河或间歇河，其水流消失在河谷末端陡壁下的落水洞中而转入地下河。盲谷是地表水—地下水相互联系的纽带，常发育于流水通道坡度加大处，经地表河转入地下。盲谷的形态有漏斗型盲谷、伏流型盲谷之峡谷型和伏流型盲谷之盆地型（图 2-45）（覃妮娜等，2011）。在广西凤山县，县城周边地区峰丛林立，地下河网密布，地表水、地下水转换频繁，仅江洲瑶族乡一带，盲谷、伏流就有七八处之多。广西巴马瑶族自治县著名的"命河"就是典型的盲谷（图2-46）（覃妮娜等，2011），"命河"上游来源于地下伏流，由路达屯流出地表后，经1.5千米的弯曲河道穿过盆地，在民族屯伏流入地下。桂林附近最著名的盲谷为冠岩地下河系统中的小

漏斗型盲谷示意图

伏流型盲谷之盆地型示意图   伏流型盲谷之峡谷型示意图

图 2-45   盲谷类型示意图

河里盲谷，冠岩地下河上游地表水自南圩谷地汇入地下后至小河里岩流出地表，明流700米后又没入地下，最后自冠岩山脚下流出，排入漓江。

4. 穿洞（light through cave）

穿洞，抬升脱离地下水位的或大部分已脱离地下水位的地下河、地下廊道，伏流或洞穴，其两端成开口状，并透光者。桂林地区著名的穿洞主要有阳朔月亮山，桂林穿山、象鼻山、南圩穿洞等。

（1）穿山

桂林穿山位于漓江支流小东江东岸，是漓江峰林平原上的一个连座石峰，高出地面148米，山体长轴750余米，短轴500余米，占地面积不足0.26平方千米。穿山山体已洞穴化，有30多个岩洞，分布在山体不同高度的位置上，高者高出小东江60多米，低者与小东江水面相当，其间层层叠叠，组成多层洞府，横向自然洞穴总长度1531.2米，洞穴化程度达5889.2米/平方千米。穿山因山体西南侧中上部有一南北洞穿山体的月岩穿洞而闻名于世（图2-47）。月岩穿洞洞长28米，直径12米，洞底可容纳100多人，徐霞客称其"崇岩旷然，平透山腹"。月岩穿洞形态优美，断面呈近圆形，显示该穿洞形成于当时的饱水带内，是饱水带洞穴。后期受构造抬升、河流下切及侵蚀作用的影响，在峰林平原发育过程中被解体，而残留在现在的位置。根据古地磁资料，洞穴形成于90万～160万年前（P. W. 威廉姆斯等，1986）。

（2）象鼻山

象鼻山位于桂林市区中部的漓江孤峰平原上，桃花江与漓江交汇处的漓江西岸边。在外源水对漓江两侧进行强大的溶蚀、侵蚀作用之下，能保留象鼻山孤峰实属不易。象鼻山孤峰发育于泥盆系融县组灰岩中，孤峰西部宽大，东部窄小。在窄小的东部山体中的临江部位发育有一南北向的穿洞，名曰"水月洞"。水月洞南北长约17米，宽9.5米，高12米，面积约150平方米。洞体横截面形态近圆形，显示为饱水带洞穴特征。（图2-48）

图2-46　巴马"命河"盲谷

图2-47 桂林穿山公园穿洞
（上：远眺图；下：山体上部穿洞近景）

图2-48　象鼻山穿洞

5. 坡立谷（polje）

　　坡立谷通常指平坦，周围被山封闭，具有地表河和地下排水系统的大型封闭洼地，底部或边缘常有泉、地下河出没，底部常被松散沉积物覆盖。坡立谷的延长方向常与构造线一致，长度可达数千米到数十千米，面积可达数十至数百平方千米，它一般是岩溶地区的主要农耕区。坡立谷一般分为3种类型：边缘型坡立谷、构造型坡立谷和基准面型坡立谷。

图2-49　思和坡立谷

　　桂林地区最典型的坡立谷为思和坡立谷。思和坡立谷发育于峰丛之中，由其西北面碎屑岩区外源水的汇入、地下岩溶含水层结构和埋深的变化形成了这一局部大型岩溶坡立谷（图2-49）。思和坡立谷长5.3千米，宽250～300米，具有陡立的边坡和平坦的底部，发育方向与当地构造线方向一致。思和坡立谷上游部分沿坡脚有11个出水泉口，近漓江处有多个落水洞，这些落水洞高出漓江水位70米，离漓江河床水平距离500～700米。谷底有一条地表小河，宽度为5～6米，深1～2米，水流清澈。暴雨时，思和坡立谷底部常遭淹没，东侧建排洪隧洞后才解除了洪涝威胁。

五、桂林岩溶宏观形态

1. 峰丛洼地

　　峰丛洼地是由底部相连的正向石峰和其间的封闭洼地组成的一种组合型岩溶地貌（图1-2、图2-6至图2-8、图2-50），石峰具有连座性，构成庞大的面积达数十平方千米或更大的山体，峰与峰之间常形成"U"形的马鞍形地。峰丛洼地被认为是热带亚热带岩溶地貌的典型形态之一，与温带、寒带岩溶有着十分鲜明的对照。峰丛洼地形态组合中，峰洼的相对高度与地下水位埋藏深度，物质能量的输入、输出强度及岩溶化时间尺度有关，即地下水位愈深，降水量及外源水量愈大，岩溶化时间愈长，峰洼间相对高差亦愈大。我国南方的峰丛地区峰洼高差变化较大，可在几十米至500米以上。由于这些条件具有区域性的同步规律，因此我国的峰丛洼地又显示出峰丛浅洼和峰丛深洼两类地貌景

图2-50　桂林灵川潮田大冲里峰丛洼地

观，其划分标准可按峰洼高差大于或小于150米为度。我国的峰丛浅洼地形主要分布在贵州中部、北部，湖北和湖南的西部、四川南部、云南东部，似与河流切割深度相对较小和岩性条件较差（不纯、薄层、有夹层等）有一定的关系。我国的峰丛深洼地形主要分布在云贵高原东南边缘斜坡区，峰洼高差可达300～500米。入云的尖峰与深邃的封闭洼地相间，其千峰万壑之气势，在世界上是绝无仅有的。如广西都安的七百弄，南丹、凤山、东兰、大新等县境内的大片峰丛区，贵州独山县南部，罗甸摆郎河及格必河下游区等。峰丛深洼的分布，总是与质纯厚层且连续沉积厚度巨大的碳酸盐岩岩性和相当低的排水基面联系在一起的。峰丛洼地的另一特征是无完整的地表河流网，通常是地表水渗入地下，地下岩溶系统的发育与深部的地下水位协调。我国的峰丛地区可见到分布位置较高的巨大洞穴系统，而地下水文网十分发育（地下河系统），地下河系统的总长度可达上千千米（朱学稳，1991）。受特殊的峰丛洼地地貌影响，峰丛山区的包气带厚度通常是几十米至200～300米，大者可达500～700米，水位的季节性变化幅度在几十米到百米左右，而饱水带的洞穴、含水层发育也十分不均匀，造成较大的开发利用难度。

　　桂林地区的峰丛洼地地貌是世界峰丛洼地地貌发育的典型。徐霞客于明崇祯十年（1637年）五月二十八日在桂林一带考察时便准确地描述了桂林地区的峰丛地貌，"乱尖叠出，十百为群，横见侧出，不可指屈。"桂林地区峰丛洼地的山体基座面积在1平方千米以上，石峰海拔350米以上，正负地形频繁相间。最大的一片峰丛洼地位于草坪乡潜经村至兴坪渔村之间的漓江东西两岸（图1-2、图2-6、图2-7），并沿海洋山麓南北连续绵延分布约100千米。在遇龙河两岸、桂林东部的黄沙河中游的两侧以及高田、会仙等处都有峰丛分布（朱学稳等，1988）。桂林地区石峰形态较为多样，有锥状、塔状、筒状等，但多以塔状为主，因此也被称为塔状岩溶，石峰周围多为石灰岩裸露的峭壁，"尖削特耸"。洼地底部多为石质裸露或有薄的土层，有落水洞或竖井发育，与地下岩溶含水层相通,较大的洼地底部往往成为岩溶地区少有的耕地区域(图2-50)。由于洼地底部落水洞与地下含水层联通性受控于地质条件、岩溶发育程度和区域历史水土流失强度等因素,雨季洼地发生内涝,有的地区积水深度可达数十米。峰丛洼地外部边缘常以陡峭的坡面、悬殊的高差和分明的界线与峰林平原相衔接,并有一些地下河、地下泉沿边界流出,如桂林东南部大埠的官庄、长流水一带(朱学稳等,1988)。

朱学稳等(1988)通过对桂林地区峰丛出现的空间位置、与非可溶岩的接触关系、接受外源水的状况及形态特征等综合因素,将桂林地区的峰丛洼地分为3种类型:第一种为典型峰丛洼地,基本特征是高高耸立于周围地形之上,其边界或与平原毗连,或被河流环绕,基本没有外源水参与它的发育,边界较为明显,进入此系统的物质只有大气降水,基本没有固体物质进入,该类型峰丛洼地系统的最重要的功能是将水输出,类似于地表河所具有的排水功能,在水流运动过程中,产生搬运、侵蚀、溶蚀作用不断改造原有的峰丛洼地系统。第二种为边缘型峰丛洼地,它的边界的一部分与非碳酸盐岩构成的山地相接,另一部分与河流或平原毗连,外围的非碳酸盐岩山地往往高度较大,故有一定的量来自这些山地的外源水参与其发育,主要为分布在阳朔境内海洋山以西和漓江以东峰丛。该类型峰丛洼地系统中外源水以常流河流或坡面漫流形式进入岩溶区,通常在非碳酸盐岩与碳酸盐岩交界地带形成边缘平原(谷地),在外源水的面状溶蚀与侧向侵蚀溶蚀作用下,碳酸盐岩山体不断后退,从而形成连续较长的陡坡与平原(谷地)相连接。第三种为岛状峰丛或峰簇,散布于峰林平原之间,如桂林普陀山、西山等,在葡萄、六塘一带也较为多见,其平面投影面积大于0.33平方千米,相对高度一般在150米以上,封闭洼地少而小,该种类型多与峰林平原共生,地下水位较浅,山体内地下水连通性好,也往往有地下河发育。桂林地区峰丛洼地的形态计量学研究表明,在峰丛地貌的演变达到系统有序化和结构稳定的动力平衡状态时,洼地的形态以近六边形为主。

桂林附近的峰丛发育，可得出以下初步规律（朱学稳，1991）：①洼地的平面形态以近六边形占优势，洼地边数为5～6边的占62%，平均边数为5.3边。②洼地在平面展布上趋向于均匀分布。③洼地面积、分布高程及峰洼间相对高差的关系是洼地面积愈小，底部平均高程愈高；洼地面积愈大，底部平均高程愈低；洼地面积愈小，峰洼高差愈小；洼地面积愈大，峰洼高差愈大。洼地分布高程与峰洼高差呈直线反比关系，即洼地分布高程愈大，峰洼高差愈小；洼地分布高程愈小，峰洼高差愈大。这说明，峰顶的下蚀速度远较洼地部分要慢，这是因为峰顶仅受到直接降下的雨水溶蚀和雨滴击溅力的侵蚀，而洼地底部为汇水地点，又有一定的土壤出现，因此是加速溶蚀的地点。因此，只要可溶岩足够厚，而洼地底部又高出潜水面，这种垂向加深、峰洼高差加大的过程将长久持续下去（朱学稳等，1988）。

2. 峰林平原

峰林平原也是热带亚热带岩溶地貌的一种典型类型，是在地形平坦或微有起伏的地面上，散布着拔地而起、巍然挺拔、疏密不等的碳酸盐岩石峰的岩溶地貌（图2-5、图2-51、图2-52）。峰林平原广泛分布于广西桂北地区，桂中、桂东、桂西南地区，如桂林、柳州、钟山、靖西

图2-51　桂林峰林平原上的孤峰

等地，但以桂林市区附近的峰林平原最为典型，是全球峰林平原的典型代表。桂林地区峰林平原的分布范围大致是北起桂林市，向南或向西南延展，经庙头、会仙、六塘、大塘、葡萄直至白沙，之后断断续续延至福利、青鸟一带。

　　朱学稳等（1988）的研究表明桂林地区峰林平原的地貌特征宏观上呈现为离散的碳酸盐岩石峰，这些相互离立的石峰平面面积一般小于0.3平方千米，绝大多数相对高度在150米以下。石峰个体呈塔状、马鞍形、单面山形等。碳酸盐岩质纯而坚硬，厚度大、倾角平缓。峰林平原石峰以单体石峰为主，也常有联座的小块峰簇或峰丛，但均具陡峭的边坡，四周为平原地面，或略为低下的洼地，或被水体所环绕，基部流入型的脚洞甚多。石峰山体多高度洞穴化，横向洞穴发育，石壁上常有水平边槽、石龛等反映早期地表水水面位置的水平溶蚀形态。平原地面一

图2-52　峰林平原地貌

般较为平坦，或基岩裸露呈现一片"石海"，或覆有薄层蚀余红土、冲积层，或低矮石芽散布于平原面上。在邻近非岩溶区接受外源物堆积的情况下，常有较厚的冲积层分布和较粗的碎屑物沉积。平原面下（覆盖层下）岩溶作用也较为强烈，地下碳酸盐岩顶面变化较大，洞穴、石芽、溶孔、溶沟、溶槽等遍布。在桂林火车站附近、上窑村的一级阶地及净瓶山桥址的河谷地段的泥盆系融县组灰岩中，揭露有深达52～53.23米（自地面起算），相对深30～45米的深槽，低于河水面45～53米，局部并形成底宽约20余米的"孤峰"，因此在桂林峰林平原地区甚至存在"地上一个桂林，地下还是一个桂林"的说法。据桂林峰林平原地区的200多个钻孔资料统计，钻孔遇洞率为48%～65%（涂水源等，1988），给地面基础设施建设带来较大的困难。覆盖层中土洞也较为发育，也常导致岩溶塌陷发生。

　　根据成因和边界条件关系，峰林平原可分为盆地型、边缘型、谷地型和坡立谷型等（朱学稳，1991）。

　　盆地型峰林平原（典型峰林平原），发育于纯碳酸盐岩岩层分布区，形成于大片的峰林地貌区域内相对的集中汇水区，或接受大量外源水流入的区域。面积较大，通常是数十至数百平方千米。峰林、孤峰、残丘常常有序分布（图2-51、图2-52）。在地质构造上也往往是向斜盆地或构造复合部位。从盆地的整体观察，石峰的分布常常是疏密有致，高低有序，并多有簇状石峰出现。岛状峰丛及条带状的谷间峰丛分布其中，往往是盆地孤峰平原的重要特征。主要分布在桂林市区一带，葡萄、会仙等地。

　　边缘型峰林平原，发育在非碳酸盐岩分布区的边缘，通常情况是既与非岩溶区相邻，又与峰丛区为界，面积为几平方千米到几十平方千米。外源水是平原形成的主要物质与能量的输入，在地质构造上一般多在地层产状舒缓的单斜区。主要分布在海洋山和驾桥岭山麓地带。

　　谷地型峰林平原，是一种由线型水流形成的带状宽谷地形，其中有舒缓的地面水道。在地层产状平缓的条件下，多受线性构造及当地的主要水文方向双重控制，孤立的石峰一般比较稀少。

　　坡立谷型峰林平原，出现于大片的峰丛地形之中，是峰丛区中局部的汇集或排水地段，边缘有地下河或地下泉自峰丛区流入。地表有小河，但常在某一端成为伏流。某些坡立谷峰林平原则是在下垫隔水层时形成的。

　　峰林平原中的石峰几乎具有"无山不洞"的特点，早在300多年前就为先民所了解，前人在桂林附近149平方千米范围内的研究中发现，每平方千米石山洞穴长度短的421米，长的22539米。其一般规律是石峰分布密度和个体占地面积越小，山坡坡面越陡，洞穴化程度越高，也就是说，石峰分布越稀少，个体越小，洞穴化就越强烈。可见，孤峰的洞穴与其所遭受的岩溶化程度成正比的。

　　峰林平原区不像峰丛区那样具有完整的岩溶水垂向动力分带系统，

峰林平原持续发展的必备条件之一就是要保持岩溶含水层的水位浅埋并经常接近于地表，这样才不会使平原地面因落水洞的形成而漏陷化。因此，在峰林平原区，包气带是没有重要意义的，实际上它完全可以为地下水位变动带所代替。即便如此，也远不如峰丛区地下水位季节变动带那样积极活跃和有着巨大的水位变幅，幅度为2～5米。当雨季来临，平原地表水通过孤峰脚洞迅速流入含水层，一场大雨之后水位便可到达地表。如果平原地下水位过深，以致在雨季中也难以接近地表，那么地面的漏陷化和地下的管道化必将同时发生，平原化的过程即被中止。广西境内大部分的峰林平原区都在向这个方向发展，即使是地处广西盆地腹地的来宾地区也是如此。只要注意到峰林平原上种植的农作物类别是旱作还是水作便可以初步鉴别（朱学稳，1991）。

较其他发育了峰林的岩溶地区而言，桂林的峰林平原是世界陆地上美学价值最高的岩溶地貌类型，其峰林平原面积之广、石峰形态之美、高度之高及分布之密皆为世界第一。同时，发育的天窗型、垂直型和水平型洞穴及其各种次生化学沉积物形态如石笋、石柱、石钟乳、石盾、石幕、石瀑、石花、石葡萄、石莲花、流石坝、鹅管石、洞底钙板等，一起构成了完整的岩溶画卷，桂林岩溶代表了地球上一种独特的地貌形态和地理特征，是当之无愧的世界自然遗产。

3. 峰丛河谷

峰丛河谷是一种组合地貌形态，主要是指岩溶峰丛、河流河谷及其过渡地带所组成的地貌组合。我国主要的峰丛河谷地貌有广西桂林漓江两岸（图1-2、图2-53），宜州龙江两岸，广西境内红水河两岸，贵州坝陵河、马岭河沿岸地区。桂林地区的峰丛河谷主要分布于漓江干流及其支流沿岸，大致沿着峰丛洼地的分布范围而南北延伸（图2-54），主要发育在上泥盆统融县组纯碳酸盐岩之中，高程差为150～500米，地形坡度变化大。宏观形态上表现为高低错落离散分布的峰丛间流淌着弯弯曲曲的河流。由于峰丛长期受到河流的侵蚀作用（化学溶蚀和物理剥蚀

图2-53 桂林九马画山峰丛河谷地貌

图2-54 峰丛与河流的完美结合

同时存在），锥形峰丛不断崩塌后退，形成陡崖。在河床弯曲处可见明显的侧蚀作用，常常可以见到河流一侧为高山陡崖，另一侧为较为平缓的谷地、阶地，一般有较厚的第四系冲洪积堆积物，较好的土壤条件使得现今这种平缓的阶地多被开发利用种植庄稼。侧蚀作用使得河谷的宽度不断增加，造成先成河九曲十八湾，但漓江的河谷多为宽谷。在桂林峰丛河谷的地貌组合中，漓江成为区域地下水的排泄面，因此沿岸峰丛山区的降水主要通过岩溶管道、洞穴以地下河、大泉的形式排出，如漓江草坪附近的冠岩地下河出口，即是上游南圩谷地地表溪流（主要来自海洋山）、小河里一带峰丛洼地地区的降水、地下水的总出口。由于漓江河谷低于区域峰顶面200～300米，有些地区甚至达500余米，在一些地区形成高位泉水、高位洞穴等独特的岩溶地貌特征。蜿蜒的漓江穿过高低相错的峰丛中，这种岩溶地貌与河流地貌不经意却又恰到好处的点缀使得目之所及充满了诗情画意。山扎根于水中，水源自于山间，山因矗立于水中而显得挺拔，水因缠绕于山间而显得妩媚，也难怪韩愈感慨"江作青罗带，山如碧玉簪"。

六、桂林岩溶地貌的全球意义

桂林山水是世界上最完美的峰林岩溶系统，该系统由峰林或峰林—平原组合和峰丛或峰丛洼地两种岩溶地貌有序地组成，是世界最典型的热带亚热带岩溶地貌类型（朱学稳，2006）。相对于其他地区，桂林岩溶地貌发育有4个特殊条件制约：多为三叠纪以前的致密坚硬的碳酸盐岩、新生代以来长期的强烈上升、季风气候的水热配套和未遭受末次冰期大陆冰盖的刨蚀破坏（袁道先，1992）。桂林地区岩溶地貌发育的地层基础主要是泥盆系、石炭系的碳酸盐岩，古老坚硬，孔隙度为1%～4%，这同加勒比海地区第三系碳酸盐岩是有很大差别的，如美国佛罗里达州，地下100米深处新鲜的第三系碳酸盐岩岩芯的孔隙度，石灰岩达16%，白云岩为31%～44%。我国南方新生代以来的大幅度强烈抬升使得各种岩溶形态分布在不同的海拔高度上，这同墨西哥尤卡坦半岛（Yucatan）岩溶区新生代的小幅度抬升和多孔石灰岩基岩所形成的较为平坦的岩溶台地存在明显差别。水、热、CO_2和生物作用等岩溶动力系统运行驱动力常常受到气候条件的综合影响，南方水热配套的季风气候条件下使得岩溶发育具有较大的动力条件，桂林地区的灰岩溶蚀速率常在80～100毫米/千年，而在华北地区通常为30～40毫米/千年，在俄罗斯西伯利亚地区一般为10～20毫米/千年。我国南方在末次冰期的时候未遭受大陆冰盖的破坏，因此地表岩溶地貌得以幸存。而在北美地区、英国等地由于末次冰期大陆冰川的破坏作用，石炭系、泥盆系坚硬碳酸盐岩上发育的地表岩溶地貌被刨蚀破坏，因此只留下灰岩冰溜面、地下洞穴等地貌形态，可能出现的峰林峰丛等宏观地表形态缺失。

致密坚硬的碳酸盐岩是峰林峰丛地貌得以存在的首要物质基础。在全球范围内来看，与其他热带地区的峰林峰丛相比，如爪哇、牙买加和波多黎各等地，其峰丛地貌发育在新生代以来的孔隙性石灰岩中，孔隙度可高达40%，因此，其形成的峰丛—洼地组合地貌中，峰丛形态浑圆低矮，相对高差较小，为50～100米，峰丛之间发育漏斗或者很深的沟谷，与桂林发育洼地是不同的。爪哇岛的Gunung Sewu地区峰丛，峰体相对较矮，峰体呈穹隆峰顶，边缘坡度一般都小于30°，没有地表水系，很少有天窗，但是发育大量短的干谷。古巴的岩溶地貌主要发育在侏罗—白垩纪，也有着峰林和峰丛系统，但是发育密度没有中国南方那么密集。分布在桂林至阳朔漓江西岸的连片峰丛，代表着峰丛地貌的极致，多数孤峰都高于100米，许多峰体的直径/高度比值甚至小于0.5，部分峰体的坡度甚至大于75°，这个在世界范围内是不多见的。唯一与桂林峰林地貌接近的是越南的下龙湾，但是下龙湾还受到海水的侵蚀与改造，与桂林峰林地貌的形成并不完全一致。因此，桂林岩溶保存和展示了丰富多样的地表和地下岩溶地貌形态，桂林所分布的峰丛和峰林岩溶是世界上具有典型意义和重要价值的岩溶地貌类型，代表了大陆内部湿润热带亚热带气候条件下的岩溶地貌发育形式，是全球塔状岩溶形成发育的教科书，是中国乃至世界上最优美和最壮观的形态组合（Sweeting，1995），是每一个岩溶学者心中的梦想与目标（Waltham，2008）。桂林岩溶是中国南方岩溶"皇冠上的那颗钻石"（Paul Williams 语），具有非同寻常的科学价值和美学价值。

第三章　桂林青山

桂林青山历来是游客追逐的对象。桂林青山多，尧山雪霁、独秀奇峰、西山石林、象山水月、伏波晚棹、叠彩仙鹤……桂林青山很奇特，看起来毫不起眼的一个石峰，其内部竟然洞洞相连、别有洞天。桂林青山的美更是举世公认，百看不厌。每次登临青山，怪状的岩石、奇异的花草、挺拔的山势或濒临绝壁之下的感受，都会让你留下深刻的记忆。当我们在欣赏风景、感受大自然的鬼斧神工之际会想到很多为什么，青山是怎么形成的，为什么各不相同？地理学家为桂林青山创造了很多科学名词，诗人笔下的"千峰环野立"被定义为"峰林平原"，"峰攒入云树，崖喷落江泉"可以理解为峰丛洼地中的地下河出口。桂林山水被纳入科学的范畴有助于了解它的成因，并与世界上同类的自然现象做对比，从而理解其独特的自然遗产价值。地质学家关注桂林青山，是为了从岩石构成的"天书"中读懂地球的历史，也许，还有从地球内部寻找宝藏的"私心杂念"。迄今为止，不论是早古生代作为华南地区构造基底的古华夏大陆，还是 10000 年前生活在桂林的先人和当时的"冰期"，桂林地质的研究为我们提供了相当丰富的资料和证据。本章通过对桂林地质和地貌研究的总结，为读者提供一个从地质历史角度了解桂林山水形成的科学原理。

一、青山形成史

"桂林青山"有硅酸盐岩类形成的土山，也有碳酸盐岩类形成的石山，理解桂林青山的形成需要从地质历史谈起。桂林岩溶作为全球具有代表性的一种岩溶类型，其形成是碳酸盐岩溶蚀（风化）的产物。特殊的气候、地质条件和地质演化过程决定了岩溶演化的历程，使桂林岩溶成为珍贵的自然遗产。纵观桂林近10亿年的地质构造历史，桂林青山的形成包括构造基底的形成、沉积盖层发育、后期地质构造变形和岩溶发育4个阶段。桂林碳酸盐岩的盖层形成后，地壳运动主要以抬升为主，使得古老的岩溶遗迹得以保留。这些丰富的地质遗迹，既有残留地表的残余形态，也有保留在岩石中的溶蚀形态。有些形态已经停止发育，有些还处于活跃状态，它们为了解桂林岩溶的形成提供了线索。

桂林岩溶丰富多彩，从宏观上来看主要有峰丛洼地与峰林平原的组合。这两种地貌都包含了洞穴和规模较小的溶沟、溶痕和溶盘等。从构成风景的角度来看，桂林的峰林平原无疑是最为独特的地质景观。

峰林平原和其他岩溶形态如何记录地质的演化历史，如何通过地质的手段恢复岩溶演化的过程，是研究桂林青山乃至岩溶地貌演化的中心问题。岩溶作用在塑造地貌形态的过程中形成洞穴是比较普遍的结果，但却不容易具备形成地表如此挺拔的峰丛和峰林的条件。桂林究竟具备什么样的条件才能形成峰林平原？这些问题需要从地质构造、岩石学和岩溶形态的描述进行深入的探讨。地质构造和岩石学的研究是要清楚了解地质演化的历史和岩石的性质，岩溶形态的描述是通过地质对比来揭示桂林岩溶的形成机理。

1. 桂林地区地质历史

桂林山水一般是指从桂林市区至阳朔县漓江两岸的岩溶地貌，这是从游览的角度划出的范围。然而塑造桂林山水的地质系统要比风景区的范围更广泛。以现代漓江流域控制的范围来分析桂林山水形成的地理环境比较合适，这是因为桂林的地势格局早在约10亿年前构造基底形成时就大致确定了。这个范围包括了漓江上游的兴安和灵川境内的岩溶地貌，传统的桂林山水的范围为东西方向的海洋山，越城岭南脉的天平山，以及阳朔西北的驾桥岭（图3-1）。桂林周围的山系的形成比盆地要早。这个范围可以称为桂林山水的范围，根据漓江阳朔断面的汇水面积测算，其范围的面积为5039.7平方千米。在该研究范围确定之后，从地质历史论述，有助于理解桂林山水的独特性。

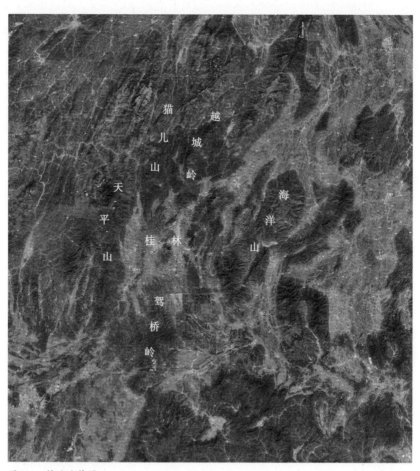

图3-1　桂林地势图

　　桂林地区高山夹盆地的地形并非是唯一的，附近的贺州盆地、全州盆地等也具有这样的特征。高山夹盆地的地质结构在南岭一带颇具代表性，可以说是南岭和华南地区的基本地质特征。但高山夹盆地的地质结构形成时间存在空间差别，这也许是众多盆地中只有桂林的岩溶地貌最为典型的原因。前文中提到的桂林周边的山系基本上属于南岭山系，因此当前这种地质结构的成因分析也从南岭开始。南岭对中国的地理和历史都具有重要的意义，从秦朝开始就有南岭的说法。地理上的南岭位于广西、湖南、广东、江西和福建的区域内，是长江水系和珠江水系的分水岭。但南岭作为中国地理的名词是否具有地质上的意义，对这个问题的探索是从民国时期开始的。在中国地理上南岭作为东西走向的山系，但仔细审视地图就会发现山脉和水系的走向大都沿着北东或南西走向。从民国初期开始，一批地质学家开始进行南岭地质研究。1932年中央研究院地质研究所的朱森先生从湖南经过龙胜到达柳州，对南岭山脉进行了详细考察。李四光先生根据这次考察，结合在湖南和江西的发现，提出南岭东西向构造带是存在的，不过被后期新华夏式构造线等所切断，形成了东西向的波状山脉（李四光，1942）。

　　南岭山系是一系列北东走向沿着东西方向排列的山脉，历史上认为由越城岭、都庞岭、萌渚岭、骑田岭、大庾岭组成。五岭的形成与地质多期褶皱和多时代、多旋回岩浆活动有关，山岭之间则是裂谷盆地。南岭的形成，国际上曾用陆内地体碰撞造山来解释花岗岩的岩浆活动，后又提出板块俯冲加陆内伸展形成盆岭构造。用大陆裂谷和走滑体系解释盆地的演化。南岭的花岗岩形成时期主要是4亿年前、2亿年前、1.6亿年前和1.1亿年前等多个时期。位于漓江上游的越城岭包括猫儿山的花岗岩体是4亿年和2亿年前两次岩浆活动形成的。花岗岩锆石样品的年龄测试显示，位于兴安油麻岭钨矿区花岗岩体的年龄为2.2亿年（程顺波等，2013），桂林东部海洋山花岗岩的岩体年龄是4.3亿年（程顺波等，2012），属于加里东造山运动期的产物。桂林南部的驾桥岭在地质上属于穹隆构造，很可能是受到同期岩浆上拱的影响，导致古老的地层突出地表形成圆形山系。桂林西部龙胜至永福一带的山系称为八十里大南山和天平山，属于雪峰山和越城岭的余脉，这里出露的四堡群和丹洲群属于元古代地层，是广西最老的岩石，年龄在7亿～8亿年以前。相比于山系，夹在山岭之间的盆地中沉积的岩石要年轻得多。自古生代晚期（约3.8亿年前）开始逐步形成了巨厚的盖层，直至6500万年前的第三纪结束。桂林盆地沉积作用结束的时间较早，盆地内发现的形成时间最晚的岩石属于晚白垩纪，即恐龙消失的时代。在红色钙泥质角砾岩中发现丰富的轮藻化石，与广东白垩纪地层中的轮藻化石做对比，确认了桂林白垩纪地层沉积的存在。第三系地层仅仅有零星的出露。第四系属于松散沉积物，广泛分布于河沟两岸、平原及低洼之处。

大约在10亿年前，桂林的北面和南面分别属于两大古陆，即扬子古陆和华夏古陆，中间为大洋（舒良树等，2006）。经历了持续1亿年的地壳活动，两个古陆渐渐连接，中间的大洋消失，形成了新的大陆。至此两块大陆才有了共同的演化历史。但有学者认为两个古陆碰撞产生新大陆的学说证据不足，并提出桂林及其所处的华南地区属于陆内造山带，形成时间在8亿年前左右，属于冈瓦纳大陆的一部分。而且华南地区在4亿年前遭遇了强烈的造山运动具有确切的地质学证据，得到学界的公认。桂林东部海洋山一带寒武系为含云母砂岩的页岩。泥盆系底部莲花山组为砂岩，底部为砾岩，与下伏寒武系成明显的角度不整合关系，这是造山运动的证据。桂林周围的大型山系主要是在这个时期形成的。此后整个中国南方进入了相对稳定的沉积阶段，盆地中开始沉积新的地层，并且覆盖在造山运动所形成的褶皱基底之上。

桂林盆地褶皱基底与盖层之间的空间关系明显。在盖层的底部分布有形状如鹅卵石并胶结在一起的砾岩，称之为底砾岩，是周围高山物质经过流水搬运后在盆地中沉积的证据。底砾岩的厚度可以超过百米。底砾岩的上部从老至新依次为沉积砂岩、碳酸盐岩、砂页岩等，显示沉积环境的变化。桂林市泥盆系沉积是典型的浅海台地环境，其生物礁形成的石灰岩是探秘古海洋沉积作用的重要载体，受到古生物专家的青昧。桂林地区泥盆系至石炭系的连续沉积和界线具有典型的生物证据，被国际地层委员会确认为国际泥盆—石炭系界线辅助层型剖面，其确定的3.6亿年前泥盆纪与石炭系的界线被大量的生物化石证据证明（龚兴宝，1991）。该辅助标准剖面位置就在桂林市灵川县定江镇的南边村（图3-2）。标准分界线附近的岩石含有丰富的化石，剖面中包括菊石、三叶虫、有孔虫、介形虫、腕足动物等。其中，由全球海平面下降事件引起的管刺类牙形刺生物的演化成为区分泥盆系和石炭系的标志性生物。此外，地层古地磁的研究表明桂林在3.6亿年前位于北纬21°，而现在桂林的纬度是北纬25°，显示了大陆漂移的方向。根据岩石和古生物体化石碳氧同位素以及微量元素分析，证实当时的沉积环境为台地向海盆过渡的缓坡，海水深度为30～130米。中泥盆纪至晚泥盆纪沉积的地层（D_2d-D_3r）以碳酸盐岩为主要矿物成分，是桂林岩溶地貌发育的基础。

桂林石炭系是在泥盆系基础上连续沉积的以碳酸盐岩为主的地层，地层出露不完整，只有部分下石炭系地层，未见中石炭系地层和上石

图3-2　南边村泥盆—石炭系界线剖面

炭系地层。而且，从石炭纪中晚期一直到现代桂林的沉积建造特别不发育，为地质历史的研究增加了难度。石炭系下部包含泥炭质含量高的页岩，岩石呈黑色。在广西北部和东北部形成煤层，即寺门煤层，显示了当时的沉积环境为滨海—沼泽。在兴安和全州一带有小型煤矿开采寺门煤层。石炭纪结束后连续沉积了二叠系地层，石炭纪与二叠纪之间的界线约在3亿年前。桂林地区中、上石炭系地层至二叠系地层的发育甚少，但是在广西的其他地区、贵州、云南一带却非常丰富。在广西柳州市柳北区长塘镇北岸乡碰冲村的石炭系剖面在2007年被国际地层委员会确认为石炭系下部的"金钉子"。碰冲村"金钉子"确定了石炭系内部的沉积阶段划分，地质年代比南边村泥盆—石炭系界线稍晚，它是以石炭系一种重要生物——牙形石类化石的出现为证据。二叠系地层在桂林北部的全州以及桂林南部的柳州一带都很常见，但唯有桂林盆地缺失。来宾市东南红水河边的蓬莱滩二叠系地层剖面结构完整，2007年被确认为二叠系地层中部与上部之间界线的"金钉子"。该剖面从生物证据上完整显示了2.5亿年前的二叠纪发生的具有全球性的海退海进事件。

二叠纪末期至三叠纪初期发生了全球性的海洋生物大灭绝事件。浙江长兴煤山剖面的研究从古生物、地球化学等角度展示了地球巨变的过程。这个从古生代到中生代重要的过渡期发生在2.51亿年前。地质工作者在桂林仅仅找到零星的疑似三叠系地层，至今尚难确定。而广西在这个时期海平面的频繁变化为矿产资源的形成创造了条件，广西合山煤层和桂西铝土矿即为例。

虽然桂林盆地迄今没有发现三叠系地层存在的确切证据，但是约2亿年前的三叠纪晚期发生了一次大规模的地壳运动，造成泥盆纪以来形成的盖层发生褶皱变形，并伴随着花岗岩喷发，这个阶段桂林盆地可能结束了海洋沉积历史。尽管不同盆地海洋沉积环境的结束时间不同，但普遍在侏罗纪的燕山运动早期结束海浸。地壳抬升后海水退去，海洋的沉积环境不复存在，在局部低洼之处还有陆地侵蚀搬运形成的碎屑岩沉积。桂林象山区二塘乡阳家村附近发现的白垩纪地层出露面积不足1平方千米，厚度为200米。桂林象山区二塘乡仁头山顶部残留的白垩纪红色角砾岩具有清晰的微层理，显示其沉积环境存在流动的水体，有别于断裂构造成因的角砾岩，并且化石证据和Rb-Sr同位素测年更进一步证明红色角砾岩的沉积年代为晚白垩纪。这个重要的发现为解释桂林岩溶地貌的发育提供了关键性的线索。在兴安县五里村同期白垩系沉积的厚度达到1000米，而位于桂林北部100千米的资源八角寨丹霞地貌形成于厚度达到2189米的同期白垩系地层，其覆盖面积达到329平方千米。可见，桂林中生代地层遭严重剥蚀。

把视野扩大到桂林以外，从华南区域来分析地质演化的历史，总结起来有2个要点。一是在华南一带分布着从4亿年前至1亿年前多期火山喷发或褶皱隆升形成的高山，后期的地质活动增强了隆起，而断陷盆地则继续下沉，沉积物的厚度持续增加。二是一些盆地原来在海洋中形成的沉积物在经历持续下陷后被后期形成的沉积物所覆盖，即使抬升成为陆地也无法进行风化作用，而地壳相对保持稳定的盆地在抬升后则长期遭受侵蚀，桂林就属于后者。

桂林地壳较为稳定导致其遭受侵蚀的历史很长，这也许是桂林岩溶地貌成为典型的一个重要原因。桂林在地质历史上很早就成为一个盆地构造，桂林盆地早在约4亿年前就有了雏形。前文中提到的周围几座山脉的岩石的年龄比盆地内的老得多。但是自形成后盆地隆起和沉降的趋势都不如邻近的盆地明显。其他盆地中生代和新生代的沉积比较丰富，而桂林盆地自中生代以来沉积物稀少，这与地壳活动较弱、沉降不强烈有关。

2. 桂林地区地质构造运动

地质构造运动是地球内动力引起岩石圈地质体变形、变位的机械运动。构造运动产生褶皱、断裂等各种地质构造形迹，引起海、陆轮廓的变化，如地壳的隆起和凹陷以及山脉、海沟的形成等。因此构造运动在造成地壳演变的过程中起着重大作用。本节简述桂林构造运动的格局，并从几个大的构造运动来阐述桂林地质构造的特征，以及在塑造桂林青山中的作用。

（1）广西运动对桂林构造格局的影响

广西运动为志留纪与泥盆纪间的地壳运动。地质学家将其描述为"经历了从晚奥陶世至志留纪晚期漫长的抬升阶段，而最终在志留—泥盆纪之交才发生局部的造山运动"（陈旭等，2014）。其起因可能是位于南部的华夏古陆逐渐向北部的扬子地台靠近引起的。广西运动导致4.4亿年前桂林地区地壳抬升为陆地，并形成越城岭和海洋山等隆起。中间停留了约2000万年，直至4.19亿年前又成为海洋，开启了泥盆系沉积作用，并形成了连续沉积厚度达2000米的碳酸盐岩地层。以广西运动为界限，广西运动及其以前时期形成的构造为基底构造，广西运动以后形成的构造称为后期构造。桂林地区的基底构造有北东向的越城岭复背斜、桂林复向斜、大瑶山复背斜，其中桂林复向斜是晚古生代沉积的基底。

（2）桂林的弧形构造

桂林盆地的碳酸盐岩盖层在形成过程中，地壳又经历了多次的运动，致使盖层发生了褶皱和断裂破坏，并且在岩石中留下了不同方向的裂隙，为后期地下水流动提供了通道。广西山字型构造最早是由李四光和张文佑等地质学家提出来的，是广西最强烈的构造单元之一（张文佑，1942），它是在与特提斯海有关的板块俯冲动力下形成的。地质学家认为板块俯冲作用造成南北向的对冲挤压，引起盖层滑动形成弧形构造。桂林的弧形构造是广西山字型构造体系的东翼部分。其构造形成与山字型构造密不可分。张文佑论述广西山字型构造起源于广西运动，后经柳江运动、黔桂运动、东吴运动至印支运动基本成型，最剧烈的一次运动发生在2.45亿年前的印支期弧形构造。在桂林碳酸盐岩盖层沿着海洋山西侧斜坡向西滑动。受南部大瑶山和北部越城岭的限制，以及内部断裂带和驾桥岭的阻挡，致使盖层在滑动过程中产生差异运动，形成南北向的褶皱和断裂。断裂形态受到挤压而弯曲，最终发展为向西突出、南北走向的弧形构造带（图3-3）（邓自强，1998）。印支运动强烈的褶皱隆升也导致整个华南地区结束海区历史，转为山间断陷沉积。

桂林弧形构造产生的褶皱造成盆地内部地形起伏。由于地层弯曲致使碳酸盐岩下部更老的地层隆起，并在受到风化剥蚀后露出地表。如位于桂林西部的猴山就是因为地层受到挤压而抬升，形成了一个近南北向的山系，而猴山的南部冶金疗养院附近的山体则在碳酸盐岩的包围中出露了一小块砂岩地层，这是构造运动形成的背斜。砂岩属于时代较老的泥盆系中统下段，分布于背斜的核部，而两翼的碳酸盐岩则是较年轻的中上泥盆统地层（邓自强等，1988）。尧山是桂林市区最大的山体，它也是在这个时期形成的背斜构造。尧山处于背斜的核部，由中泥盆统下段的砂岩构成，并且尧山背斜向西南方向延伸，经过雁山的二塘后转为南东方向。在雁山同样可以见到同一个背斜核部出露的砂岩地层。

从以上例子可看出，盖层形成后，后期发生的褶皱与断裂对岩层的分布和盆地的地势具有重大影响，这是桂林岩溶形成不可忽略的条件。

（3）对桂林岩溶形成具有重要意义的中生代

桂林存在一个南北走向的超岩石圈断裂，曾经是扬子古陆与华夏古陆的缝合线，也有人认为缝合线的位置应该在偏西的雪峰山一带。但无论如何，与这个缝合线有关的断陷作用成为晚古生代桂林沉积碳酸盐岩盖层的原因。到了晚中生代桂林盆地沉陷的幅度变小，致使中生代地层沉积不明显。桂林有没有红层沉积，能不能称为中生代盆地？这在过去一段时间内一直是地质学家十分关注的问题。所谓红层，在我国主要是指中生代以来即白垩系和新生代古近系的湖相、河流相、河湖交替相或是山麓洪积相等陆相碎屑岩，多以砾岩、砂岩、页岩夹层或互层多次重复出现，厚度在1千米以上。从外表来看颜色主要为红色。广西有红色盆地43个，广东有108个（曾昭璇和黄少敏，1978）。大多数盆地都具有红色沉积物，沉积物的类型有砾岩、砂岩、泥岩，部分还有火山活动的痕迹。中国东南部中生代、新生代盆地规模小、成群分布，盆地形成机制和沉积物类型多样。

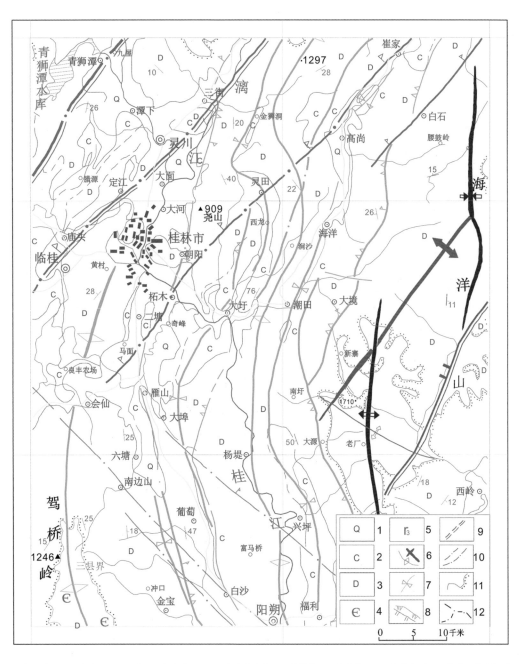

1. 第四系；2. 石炭系；3. 泥盆系；4. 寒武系；5. 加里东花岗岩体；6. 背斜轴；7. 向斜轴；8. 压扭性断裂；9. 性质不明及推测断层；10. 航片解释线性构造性质不明断裂；11. 地层界线；12. 县区界线

图3-3 桂林区域构造纲要图

我国东南部地区红色盆地的发育模式是由中生代强烈的断裂活动造成的，它是中生代地壳活动的主要特征。红层一般分布在断裂带上，厚度随着沉积过程中不断地凹陷沉积而不断增加。长期的凹陷使白垩纪地层叠置在侏罗纪甚至更古老的盆地或向斜构造之上。红层的外围一般是晚古生代的地层。桂林盆地具有以上红层形成的条件，但是为什么桂林的红层没有附近的盆地明显呢？20世纪80年代一些学者对桂林中生代以及更年轻的沉积物进行研究，试图了解盆地演化经历的气候和构造运动。

自上古生代石炭纪中期，桂林就很少出现沉积地层。对比周围盆地的地层，学者普遍认为石炭纪至早三叠纪的沉积现象是普遍存在的，并且也是以碳酸盐岩沉积为主。只是中生代晚期以后导致桂林弧形构造的印支运动结束了该地区海侵的历史，华南地区地壳上升为陆地，然后在凹陷盆地内形成了以陆相碎屑岩为主、夹杂火山岩的沉积建造，但是桂林盆地没有遵循这样的演化模式。

仔细考证发现，桂林中生代沉积并非不存在，而是以洞穴沉积、山坡堆积为主的形式存在。物源是就近搬运的碳酸盐岩和碳酸盐岩风化后剩余的黏土矿物。桂林保存最完整的中生代沉积物为钙质泥岩和钙质砾岩，其他零星残留于洞穴或山坡的地层也具有同样的成分和结构。岩石中包含的花粉化石为分析岩石的沉积年代和沉积环境提供了信息。花粉种类与邻近的盆地对比显示，出现在桂林的红色岩石形成于中生代晚期的白垩纪，代表了陆相沉积环境。

桂林发现中生代红层充分表明在中生代桂林具备陆相沉积的环境。与其他盆地不同的是，桂林红层是发育在中生代以前所形成的古岩溶面上。由于溶蚀的基底表面不平，存在谷地、洼地、洞穴和溶沟等形态。根据桂林红层的产状大致还原了红层沉积以前桂林的岩溶地貌特点。红层的分布高低悬殊，既可以在山顶，例如猴山和老人山的顶部都有红层分布，也可以是洼地的底部，这表明中生代的古岩溶面同现代类似也是起伏不平的，甚至可能具有类似于现代岩溶的峰丛洼地或峰林平原等地貌类型。

红层所包含的气候信息可推测桂林中生代的气候属于湿热类型。在低洼处汇集的水流形成湖泊，湖泊中富含藻类和介形虫。桂林南郊仁头山附近钻孔取出的角砾岩的胶结物中，就含有轮藻（*Atopochara sp*）化石。而孢子花粉指示陆地存在针叶阔叶混交林。红层中具有流水形成的冲刷面、交错层理和粒序层，其矿物成分中含有多水高岭石、伊利石和蒙脱石。其中导致岩石呈红色的为高价氧化铁矿物，它是在潮湿环境中形成的。以上证据表明，红层形成时期，桂林地区具有水分充足的热带亚热带气候特征。

中生代以后由于喜马拉雅运动造成地壳重新抬升，结束了中生代桂林盆地沉积过程，再一次进入到风化剥蚀阶段。新生代地壳经历了多次抬升，形成了洞穴分布在几个高程平面上的现象。但是这些被抬高的洞穴还含有中生代的沉积物，说明洞穴形成的时期早于新生代，属于中生代甚至晚古生代的岩溶遗迹。对此"怪异"现象的解释是这可能是古岩溶的重新复活。

中生代所沉积的红层是钙质泥岩或者钙质砾岩。他们都是以碳酸盐为主的矿物，属于碳酸盐岩类，再加上红层的形成年代相比于古生代灰岩晚，岩石的物理强度小，而孔隙度和吸水性大，因此更容易溶蚀。随着新生代地壳抬升，红层加快风化，而且风化速度快于更老的碳酸盐岩。致使红层很快被剥蚀，中生代古岩溶面重新暴露接受溶蚀，本来被红层填充的古溶洞再次复活。因此，被新生代地壳活动抬升到山坡的洞穴兼具有多期岩溶的特点。

（4）新生代以来的构造运动

新生代以来地壳的活动特征是多次的抬升。由于抬升作用结束了自白垩纪晚期以来的沉积历史，同时使桂林的岩溶重新开始发育，因此我们现在能够看到的大部分岩溶现象是新生代以来形成的。地壳抬升的幅度对岩溶的发育也产生重要的影响。由于地壳抬升的幅度大，水流的侵蚀作用在云贵高原形成了深切的峡谷和瀑布，而地下河没有完全适应地壳的变化，从而形成了悬河。桂林地区地壳抬升的幅度不大，因此可以看到漓江岸边的冠岩地下河与漓江之间几乎无落差的情况。而位于冠岩上游的南圩谷地，被抬高的上层洞穴距离现在的地下河入口的高差达50米，这基本代表了一次地壳抬升的幅度，但并非是新生代以来地壳抬升的总体高度。

洞穴的分布高度可以用来计算地壳抬升的幅度。据统计，桂林洞穴分布的高度有3个层次。以峰林平原地区为例，最高的一层洞穴海拔180～195米，代表了第一次地壳显著的抬升，中层洞穴海拔160～175米，表示地壳又一次上升，下层洞穴海拔150～155米，是现代水流侵蚀作用的产物。例如，桂林穿山月岩洞口海拔190米左右，相对地面高度39米，属于高层溶洞。叠彩山风洞洞口海拔200米，但比旁边仙鹤峰中的高层洞仙鹤洞低50米，表示风洞属于中层洞，同时表明溶洞层的海拔在各个地方是有差异的。与地面接近或低于地表的洞穴层在石峰中较为常见，比如象鼻山水月洞、伏波山还珠洞皆属于此类。

水平洞穴的发育表明地下水的水位长期处于某一个高度。控制水平洞穴发育高度的是当地的地下水排泄基准面，即主要河流的枯季水位。现在漓江桂林市段河流的最底水位大约是海拔140米，受其控制的洞穴称为下层溶洞，是处于活跃状态正在发展的溶洞层，海拔为150～155米。以此类推，控制中层溶洞和上层溶洞发育的河流排泄基准面应该比洞穴的高度低10～15米。古老的基准面也称为河流的一级或者二级阶地。根据野外的观察，漓江的一级阶地海拔为155～175米，二级阶地海拔为180～200米。河流阶地与洞穴层之间是大致可以对应的。

二、碳酸盐岩与桂林青山

1. 碳酸盐岩地层的形成

前文中已述及桂林周围几座主要山脉都是在晚古生代以前加里东

期褶皱隆起形成的，印支期、燕山期岩浆活动加剧了山体的抬升。泥盆纪中期开始又成为海洋，沉积作用开始。中泥盆统下部主要以硅质页岩为主。从中泥盆世上部和上泥盆世，桂林处于浅海环境，形成高纯度的碳酸盐岩。直至下石炭世以前仍以碳酸盐岩沉积为主，但碎屑物含量增加，甚至形成煤系夹层。晚三叠世之后结束海洋沉积环境。但是桂林盆地自石炭纪中期以来沉积建造不发育，当然这也有可能是地层遭受侵蚀的结果。桂林南部中泥盆系的地层厚度大于北部，说明海盆的基底不平整，具有南低北高的特点，与现在的地势变化趋势相符。至上泥盆系，盆地延续了不平整的状态，整体属于浅海台地，但局部存在较深的海沟。上泥盆系的地层分为台地相和海沟相，至下石炭系转为泥岩和泥质灰岩。此后，晚古生代中后期桂林的地层不完全，完整程度显著下降。

　　加里东运动在广西称为广西运动，其在形成的轻度变质的砂页岩和硅质岩基底上，沉积了一套以碳酸盐岩为主的盖层，构成了桂林岩溶发育的物质基础。如果地球演化是一本厚重的历史书，那么地层就是这本书的书页。通过测量一系列的地质剖面了解地层的岩性、厚度和接触关系，借此可以还原沉积历史。20世纪20年代开始从现代地质学的角度开展桂林地质的研究。最早提出广西运动的丁文江先生，提出广西山字型构造的李四光先生，以及最早进行广西下石炭统寺门段煤层研究并提出桂林组灰岩的冯景兰先生等地质学家都进行过零星的地质考察。1960年，原广西地质局区域地质测量队开始对桂林地区进行地质编图。但直至1980年前后才由中国地质科学院岩溶地质研究所的翁金桃进行系统的测量和岩石学研究。该次以岩溶发育为主题的地层研究，地层的命名综合了前人的成果，并且以十余条泥盆系至石炭系的实测地质剖面为基础，对桂林盆地的地层进行了一次十分详细的调查。1990年，广西壮族自治区地质矿产勘查开发局区调队开展了1：50000城市地质调查，再一次对桂林地层进行测量。

　　20世纪20年代丁文江先生提出，桂林的泥盆系地层是在广西运动构造基底的基础上形成的盖层，到现在依然认可这样的看法。泥盆系地层与下伏地层属于角度不整合的接触关系，即下部的早古生代地层在泥盆系地层沉积之前发生了变形，而上部泥盆系地层与下部地层的变形方式不一致。形成角度不整合的接触关系往往代表了一次强烈的构造运动。泥盆系下统的地层在兴安一带缺失，而在阳朔的地层则厚度较大，表明位置靠南的阳朔首先进入海洋状态，同时位于北部的兴安还是陆地，显示海水推进的方向是从南向北。阳朔至兴安不过200千米的距离，而地质演化历史却有差别。中、上泥盆世桂林从碎屑沉积的陆架发展为碳酸盐台地，海洋中陆源碎屑物减少，逐渐以碳酸盐岩沉积为主。中、上泥盆统地层分为3层，分别是中泥盆系东岗岭组、上泥盆系的桂林组和融县组，这是构成桂林岩溶地貌最主要的碳酸盐岩。

　　同一个时期沉积形成的岩石可能因为海水环境变化而形成具有不同岩性的地层，在沉积学上称为相变。地层的沉积相对应具有一定的岩性和古生物标志的地层单元，可反映自然环境特征。桂林盆地虽然面积不大，但泥盆系沉积有2个相，即海水深度不超过几十米的台地相和台地相中的台沟相。东岗岭组在盆地内没有发生相变，它是一套厚382米的富含珊瑚、层孔虫化石的灰黑色灰岩，包含由珊瑚和层孔虫形成的生物礁。上泥盆统时由于断裂带的下陷桂林出现了台地和台沟两个相区，相区之间则形成了台地边缘生物礁相。20世纪80年代翁金桃首次在东岗岭组中发现了由珊瑚和层孔虫形成的生物礁，20世纪90年代进行的地质调查中，在上泥盆统中发现了由藻类和微生物作用形成的生物礁。造礁生物的转变代表着环境的变化。翁金桃（1987）认为东岗岭组出现的生物礁与海底的浅丘有关。上泥盆统桂林组含有丰富的层孔虫造礁生物，因此他大胆预测桂林组也应该有生物礁。后期在桂林组找到了生物礁，但是造礁生物却不是层孔虫，而是藻类和微生物。晚泥盆纪弗拉—法门期生物灭绝事件造成层孔虫消失，在桂林表现为桂林组富含层孔虫而融县组灰岩很少有生物化石。但是藻类和微生物代替珊瑚—层孔虫成为晚泥盆纪造礁生物。

　　桂林上泥盆统地层分为下部桂林组和上部融县组两部分，桂林组层厚394米，融县组厚397米。野外桂林组和融县组依靠颜色就可以简单区分。桂林组在融县组的下部，岩石的颜色以灰黑色或黑色为主色调，并且经常见到珊瑚或层孔虫化石；而融县组在桂林组的上部，颜色要浅些，为灰色至灰白色，基本不含化石。桂林组下部东岗岭组同样以灰黑色至黑色为主，两者在野外不好区分，需要借助放大镜来进一步辨别岩石微观结构。石炭系下部岩关阶覆盖在融县组的上部，颜色逐渐变深，且化石丰富，与桂林组区别明显。

泥盆纪结束后桂林仍未结束海侵的历史，在融县组之上继续沉积了石炭系地层，但海水深度变浅，陆源碎屑含量增加。桂林南边村剖面是泥盆系与石炭系的分界（图3-2），即融县组与岩关阶的界线，这条界线代表了晚古生代地球重要的变化。在广西桂林至罗城的桂北地区，石炭纪早期曾经出现短暂的海退，为煤炭矿产的形成提供了条件。桂林市石炭系地层的分布只限于下部，分为石炭系下部岩关阶和大塘阶，但大塘阶不完整，只出露下部的黄金组，至此桂林市的碳酸盐岩沉积停止。桂林从中泥盆系至下石炭系以碳酸盐岩沉积为主，累积沉积厚度超过2000米。这是桂林岩溶地貌发育的物质基础。

上古生代的石炭系中、上部与二叠系在桂林盆地缺失，直至中生代才有沉积的迹象，但是地层保留不完全。三叠系则不整合于泥盆系和石炭系古岩溶之上。侏罗系地层不发育，而白垩系只有上部具有明确的存在证据。但是与桂林邻近的全州、灌阳、贺州、柳州等地，石炭系至二叠系古生代地层发育完整。至于是什么因素导致桂林地层缺失，还有待于进一步研究。

有了碳酸盐岩只是满足了岩溶形成的第一个必备条件，但是只有碳酸盐岩不一定能形成岩溶，要发育形成桂林这样具有特色的岩溶还需要更多的条件。碳酸盐岩作为岩溶的物质基础，岩石的成分、结构以及地层的组合类型都会影响岩溶发育。

2. 碳酸盐岩的分类和性质

（1）碳酸盐岩的分类

碳酸盐岩是指碳酸盐矿物含量超过50％的岩类，是地球上沉积岩的一种，在海洋或内陆湖泊都可以形成。在地球历史上碳酸盐岩的分布十分广泛，从太古代到新生代都有，中国的碳酸盐岩主要形成于古生代。古老的碳酸盐岩发生变质作用会形成大理石。新生代最年轻的碳酸盐岩分布在海洋中的珊瑚礁。由于碳酸盐岩的种类非常多，因此必须进行分类。在成分分类的基础上按照结构组分进行分类的方案得到国际上普遍认可。

桂林从泥盆系中部至石炭系下部都是以碳酸盐岩沉积为主，碳酸盐岩的类型丰富，构成了岩溶发育的物质基础。这些碳酸盐岩可以根据颜色、矿物组成、结构成因等标准分类，颜色是岩石最突出的特征之一。根据颜色的深浅可以分为6类，分别是灰白色、浅灰色、灰色、深灰色、灰黑色、黑色（表3-1、图3-4、图3-5）。岩石的颜色是其矿物组成和结构的综合反映，但是在野外观察岩石的颜色时一定要注意寻找新鲜的岩石面。长期暴露于地表的岩石或者埋藏在土壤下的岩石因为受到风化作用，岩石的颜色与真实颜色相差甚远。

表3-1　桂林碳酸盐岩的颜色分级表

Ⅰ	Ⅱ	Ⅲ	Ⅳ	Ⅴ	Ⅵ
灰白	浅灰	灰	深灰	灰黑	黑

碳酸盐岩属于沉积岩，由3种来源的矿物成分构成，分别是碳酸盐矿物（主要是方解石、白云石和其他矿物）、碎屑类，以及次生矿物如石膏等。碳酸盐岩的形成绝大部分是处于海洋环境。碳酸盐岩可以根据成分分类，如白云岩、灰岩、泥质灰岩等，也可以根据其结构和构造分类，如亮晶颗粒灰岩和泥晶灰岩，按照岩石的结构和构造分类是国际上

图3-4　漓江边新鲜的灰色石灰岩

图3-5　叠彩山仙鹤峰的浅灰色石灰岩

公认的分类方法。碳酸盐岩物质成分和结构类型对岩溶发育的影响起了
重要的作用。

碳酸盐岩的结构组分主要是颗粒和胶结物两类。颗粒为非正常化
学沉淀的、具有一定结构特征且在大多数情况下经过搬运的碳酸盐集合
体。胶结物是充填于颗粒物之间的泥质或矿物结晶体。构成碳酸盐岩的
颗粒物最小的直径规定为0.03毫米，更小的颗粒只能成为胶结物。这种
0.03毫米的小颗粒已经无法用肉眼识别，在野外需要借助放大镜或显微
镜识别。便携式放大镜一般能够放大10倍或20倍，直径0.03毫米的颗粒
在放大镜下相当于0.3毫米或0.6毫米，是可以识别的。最大的颗粒直径
尚未有测量，但有大过漓江边鹅卵石的情况。颗粒按照成因可以分为：
内碎屑，指成岩母质在没有完全固结的时候在水动力的作用下破碎形成
的颗粒状、砾石状的碎块；各种粒状构造，主要是围绕陆源碎屑海水中
的碳酸钙沉积形成近圆形的颗粒；生物屑，即生物的残体。将颗粒连接
起来的基质或者胶结物主要是具有不同结构的碳酸钙的晶体，分为亮晶
和泥晶。按照胶结物与颗粒的类型及组合关系，碳酸盐岩可分为亮晶颗
粒灰岩、泥晶颗粒灰岩、生物屑灰岩等。

碳酸盐岩能够微溶于水从而形成各种岩溶形态，与它的矿物成分
有关。在碳酸盐岩形成的海洋或湖泊环境中，水中溶解了大量的钙、镁
及碳酸氢根，在一定的地球化学条件下，借助生物作用将这些元素结合
起来形成了方解石或白云石等矿物，与黏土矿物一起构成了碳酸盐岩。
因海水化学成分的差异，所形成的岩石矿物组成不一致，以方解石为主
要矿物成分的岩石称为灰岩，以白云石为主要矿物成分的岩石称为白云
岩，介于两者之间的岩石称为白云质灰岩或者灰质白云岩。黏土矿物不
是构成碳酸盐岩的主要矿物，当其含量达到一定的程度时可以称为泥质
灰岩。

化学成分与矿物成分有密切的关系，碳酸盐岩的化学成分可以分
为氧化钙（CaO）、氧化镁（MgO）和酸不溶物。CaO是方解石的主要
化学成分，方解石的分子式为$CaCO_3$。CaO与MgO是白云岩的主要化学

成分，白云石的分子式为$CaMg(CO_3)_2$。酸不溶物是黏土矿物的主要化学成分。在纯粹的灰岩中CaO与CO_2的含量分别是56%和44%，而纯白云岩的化学成分分别是MgO占22%，CaO占30%，CO_2占48%。桂林地区的碳酸盐岩往往纯度较高，酸不溶物的含量大部分小于5%。在构成碳酸盐岩的矿物成分中方解石与白云石微溶于水，属于可溶解成分，遇到酸发生强烈的酸碱中和反应，并释放出CO_2气体。黏土矿物难溶于水也不溶于酸。

在野外根据岩石的颜色、形状、酸碱中和反应以及放大镜的初步鉴定后，将岩石标本带回实验室进行切割、打磨、煮胶、研磨等处理，制作成厚度只有0.03毫米的岩石薄片，在显微镜下进行矿物和结构鉴定。桂林的碳酸盐岩除了颜色的差别，有些还具有显著的沉积构造特征，如融县组灰岩具有鸟眼构造，杨堤附近台沟相的桂林组灰岩具有扁豆状构造。桂林碳酸盐岩的结构成分非常丰富，代表性的结构有亮晶颗粒灰岩、泥晶灰岩和泥晶颗粒灰岩。除在显微镜下能够区分岩石的结构组成之外，野外岩石的差异溶蚀现象也是区分的标志。由于在微观尺度上矿物晶体结构的差异，碳酸盐岩在溶解的过程中并不是均匀的，即使化学成分一致，晶体质点的排列情况也是影响溶蚀的重要因素。同质异构是碳酸盐岩的基本特征之一，对于亮晶颗粒灰岩，如果颗粒是由泥晶方解石组成，则颗粒的溶蚀速度大于亮晶，在野外岩石表面上表现为颗粒凹陷而亮晶突出。泥晶灰岩虽然都是由泥晶方解石构成，但细颗粒的泥晶更容易溶蚀，泥晶颗粒灰岩经过溶蚀后，泥晶方解石基质均凹陷，而颗粒突出。

（2）碳酸盐岩的物理性质

碳酸盐岩的结构与其密度、力学强度、孔隙度、吸水性、渗透性等物理性质之间有直接的关系，而岩石的物理性质与溶蚀速度、岩溶形态、水文地质条件之间也存在关联。岩石的孔隙度有原生和次生的区别，原生孔隙度是沉积物固化成岩的过程中形成的孔隙，通常单个孔隙的尺寸只有0.01毫米，次生孔隙是岩石在成岩以后经历了破坏或溶蚀形成的孔隙。次生孔隙的数量远远超过原生孔隙的数量是碳酸盐岩的特征，岩溶发育程度越高的部位，岩组次生孔隙也就越大。桂林山体中见到的大大小小的溶洞都可以归结为次生孔隙。次生孔隙是岩石能够储水和导水的原因，次生孔隙不发育的岩石只能作为隔水层。

　　不论是哪一种类型的碳酸盐岩，其原生孔隙度小是桂林岩溶共同的特征。孔隙度小导致吸水能力低和物理强度大。野外经过风化的白云岩孔隙度可达到11%，但白云岩的平均孔隙度只有1.79%，由于白云岩样品都经历了风化，测量得到的数据大于原生孔隙度。灰岩的孔隙度还要小一些，平均值只有0.67%，这与最不透水的泥岩类似。而作为含水层的砂岩，其孔隙度一般为30%，碳酸盐岩的吸水率大部分都低于0.6%。岩石的渗透性可以用渗透率表示，单位采用达西或毫达西（表3-2）。渗透率是指在一定压差下，岩石允许流体通过的能力。测量桂林几种典型的碳酸盐岩的渗透率，其值都没有超过1毫达西，属于特低级别。其他类型的岩石如砂岩的渗透率接近100毫达西。渗透率与碳酸盐岩的类型有一定的关系。按渗透率高低排列的顺序为白云岩、泥晶灰岩、泥晶颗粒灰岩、亮晶颗粒灰岩。但岩石的原生孔隙度和透水性一般不能决定其次生孔隙的含水性质。渗透率最低的亮晶颗粒灰岩主要分布于融县组，它是桂林最主要的含水层，也是溶洞发育最多的层位。不能根据岩石的原生物理性质判断地层的富水性，这也是岩溶水文地质工作的基本特点。

表3-2　岩石渗透率的分类

级别	渗透率（毫达西）
特高	＞2000
高	500～2000
中	100～500
低	10～100
特低	＜10

碳酸盐岩的容重因地质时代和矿物成分不同而有细微的差别，桂林地区的碳酸盐岩容重随着白云石的含量增多而增加，数值为2.7～2.8克/厘米²。从更大尺度，比如中国大陆，虽然碳酸盐岩分布广泛，但其容重等物理性质差异不大，主要是因为其形成时代普遍久远，相比之下，海岛和岛礁附近形成的年轻的碳酸盐岩物理性质差异很大。岩石的硬度由抗压强度、抗拉强度和抗剪强度来衡量（表3-3）。虽然碳酸盐岩的风化是以化学风化为主，但是岩石的物理性质对岩溶地貌演化同样是重要的，因为在溶蚀作用的后期阶段，随着水动力条件的增强和洞穴的扩大，物理破坏作用越来越显著。例如洞穴在发展到一定阶段后会出现顶板坍塌，甚至形成了漏斗或天坑的现象。石峰的边坡在遭受溶蚀风化后也会出现不稳定，出现崩塌现象。通过实验室获得的碳酸盐岩的力学强度与砂岩和花岗岩等坚硬岩石的力学强度没有显著的差异，但实际上岩石的强度还与层厚有关，薄层灰岩强度小，很难支撑大型的洞穴，反之大型的洞穴一般出现在厚层灰岩中。对于地质时间尺度上地貌的演化，岩石力学性质是需要考虑的指标。

表3-3 岩石物理强度的对比

序号	岩石类型	抗压强度（千克/厘米²）	抗拉强度（千克/厘米²）	抗剪强度（千克/厘米²）
1	白云岩	1139	33	210
2	灰岩	1127	37	226
3	砂岩	1000	100	300
4	花岗岩	1500	200	300

（3）碳酸盐岩的层组类型

对碳酸盐岩进行分类以及从岩石的性质出发去解释岩溶的成因，这是岩溶学研究最直接的技术路径，但对于纷繁复杂的自然现象，研究手段显然还不够丰富。在野外，碳酸盐岩并不是单独存在的，往往与其他类型地层构成不同的组合类型，野外调查也发现碳酸盐岩组合结构是影响岩溶发育的重要因素。例如连续的碳酸盐岩沉积往往比碳酸盐岩与非碳酸盐岩交替出现更容易形成大型的洞穴系统。如何研究岩性的组合关系对岩溶的影响是一个重要的问题。20世纪80年代编制中国岩溶类型分布图时，曾经将岩性的组合关系分为连续型、互层型和夹层型（李大通和罗雁，1983；李大通，1985），这种分类方式比较适合进行区域性的对比和分区。桂林地区更多的是碳酸盐岩的连续型沉积，其他两种类型很少出现，因此可以按照具有不同成分、构造或者结构的碳酸盐岩形成的组合结构对层组类型进行分类。桂林碳酸盐岩的岩层组合方式有两大类，分别是均匀状纯碳酸盐岩，包含连续的灰岩与白云岩，以及灰岩与白云岩组合；间层状不纯碳酸盐岩，主要是指碳酸盐岩中含有泥质含量较高的灰岩夹层。

将桂林地区地层分布图和岩石层组类型划分的结果与桂林的岩溶地貌图叠加起来的结果显示，桂林地区均匀状碳酸盐岩的组合主要形成峰丛洼地、峰丛谷地、峰林谷地和峰林平原。断续状不纯碳酸盐岩主要形成丛丘谷地或者缓丘谷地。连续型的碳酸盐岩组合类型形成锥状、桶状、屏风状的石峰及峰簇和洼地、坡立谷、漏斗、落水洞、溶洞、地下河及岩溶泉；断续型的不纯碳酸盐岩主要形成丘、岭、浅洼地。可见岩层组合类型对岩溶地貌划分是非常重要的依据。漓江两岸的风光特色就与岩性和岩层组合有很大的关系。漓江杨堤至兴坪段属于连续型碳酸盐岩沉积，层厚质纯，发育形成的石峰挺拔陡峭，而大圩段和兴坪下游分布断续状不纯碳酸盐岩，山体坡度则较为缓和。

（4）影响碳酸盐岩溶蚀的因素

影响岩溶的因素除地质之外，还包含气候、水文、生物作用等。关于岩溶现有的解释是建立在局部的观察和少量的试验基础上，有可能被推翻重写，就像一棵树从幼苗长成参天大树要经历阳光和风雨一样，岩溶的发育离不开特定的气候条件，而且在岩溶形成的漫长过程中气候可能有干、湿、冷、热轮回，发生了多次变化。石笋定年和古环境研究证明，在距今1.2万年左右桂林曾处于冰期（详见本书第五章）如前文所述，地质因素包含岩石的形成、结构、成分、物理性质、层组类型等。水文因素是水流的能量和水化学性质，决定了有多少物质被搬运带走，又有什么样的物质随水而至。

　　我国古代的地理学家已经意识到水流与岩溶的密切关系。水流对岩石的溶解即溶蚀作用，是岩溶现象产生的根本原因。溶蚀试验是20世纪50年代就开展的科学试验研究，它是从化学机理上来解释溶蚀作用。在实验室开展的试验，后来被拓展到在世界各地的野外开展试验。室内的溶蚀试验是保持其他条件不变的前提下，着重考察单一因素例如水流速度、水的化学性质、岩石的结构和成分等对溶蚀速率的影响。考察岩石因素的溶蚀试验是将来自不同地区的试样制作成同样形状的薄片，放在水流中观测溶蚀量。在试验过程中可以调节水流速度和pH值，以获得岩石的溶蚀结果即溶蚀速率。溶蚀速率的计算有2种方法：通过测量水流中溶解形成的水溶液的Ca^{2+}和Mg^{2+}来计算溶解速率；通过溶蚀试片的质量损失计算溶蚀速率。溶蚀速率与溶解速率的差异为侵蚀速率。

　　利用桂林地区的岩石试样开展的溶蚀试验结果显示，在相同性质的水溶液和温度条件下，相当于岩溶处于同一个气候带和水动力条件，影响化学溶解量的主要因素是岩石化学成分，影响物理破坏的主要因素是岩石结构组成。在溶蚀过程中起主导作用的是化学溶解，所以影响溶蚀速度的主要因素仍然是岩石的物质成分，其次才是结构组分。已有大量的溶蚀试验证明，在相同的条件下，岩石的溶解速率随着氧化钙含量的增加而上升，随着氧化镁和酸不溶物的增加而降低。灰岩的溶蚀速率比白云岩高，灰岩的溶蚀速率比白云岩高，碳酸盐岩的纯度降低导致溶蚀速率减慢。试验得到的结论与野外观测结果相符合。

　　每一个地区的岩溶形成都经历了漫长的历史，桂林也不例外。但并非所有地区的岩溶都和桂林岩溶一样进入到成熟阶段。岩溶发育进入成熟期以后，溶蚀速度不再是影响岩溶发育结果的主要因素，在自然条件下溶蚀过程远不是室内模拟这样简单，比如野外的碳酸盐岩具有多种组合特征，容易溶解和不易溶解的部分在同样的条件下溶蚀的程度不同，会形成多种溶蚀形态，从而造成溶蚀环境的变化。在野外环境中岩石都具有裂隙，成为水流的主要通道，也是岩溶优先发育的部位，它们往往决定了整个系统的岩溶形态。

野外溶蚀试验旨在考察气候因素、水文因素或生物因素对碳酸盐岩溶解的影响。20世纪90年代全国范围内开展的野外溶蚀试验，以解释区域岩溶现象差异的原因。溶蚀试验在全国不同的地理气候带同时开展，试验所采用的岩石样品统一选自桂林七星公园普陀山上的灰岩，磨制成统一规格的薄片。试验的结果充分印证了气候条件对溶蚀作用的强烈影响。处于南方热带、亚热带湿热气候条件下的碳酸盐岩溶蚀速率达到4.9毫克/（厘米^2·年）（桂林），而北方温带半干旱气候下的碳酸盐岩溶蚀速率仅为1.2毫克/（厘米^2·年）（北京）（Yuan，2002）。试验还发现在西北干旱气候条件下，岩石的质量还出现增加的现象。试验表明了桂林山水的形成与其所在的气候带之间的关系密切，这也部分解释了中国碳酸盐岩分布广泛，但独有桂林岩溶如此典型的原因。

3. 岩石与桂林岩溶地貌

从地貌研究的角度来看，整个桂林作为研究区域，面积并不算大。漓江阳朔水文站断面的控制流域面积为5039.7平方千米，而这个区域内岩溶分布区只占30%，其余70%的面积为侵蚀地貌。可以近似认为研究区具有相同的气候条件，岩溶地貌的类型有类似于兴坪附近的挺拔峰丛洼地，有的则类似于临桂老机场周围的丛丘，或者是桂林城区漓江两岸的峰林。峰林平原上的石峰形态也各不相同，变化多端，其中的原因只能从具体的地质和水文条件着手分析。

石峰的形态可以分为塔状、锥状、螺旋状等，对应代表性的石峰有塔状的独秀峰、锥状的碧莲峰、螺旋状的螺丝山等。石峰的形态受岩石的性质和产状影响最大。塔状石峰地层多为上泥盆统融县组灰岩，属于连续型的纯碳酸盐岩组合，岩石主要为亮晶颗粒灰岩，少有白云岩夹层；岩石单层厚度大而岩层倾角小；垂直节理发育但稀疏，延伸长度大；岩石的基质孔隙度、吸水率和渗透率均较低，但岩石的物理强度大，溶蚀过程的物理破坏作用最小。锥状石峰地层主要是中泥盆统生物泥晶灰质白云岩和中薄层泥晶含云质灰岩，常有白云岩夹层；岩石产状平缓；岩石层理模糊，节理裂隙不发育，或单层厚度薄，裂隙的延展受到层面的限制；岩石的孔隙度、吸水率和渗透率高；岩石的物理强度小或者变化大会导致沿着坡面产生径流，并对坡面产生均匀的溶蚀作用。螺丝状石峰主要是中薄层泥晶颗粒灰岩、白云岩或泥质灰岩组成的互层，下部常有硅质页岩和泥灰岩夹层，顶部为中厚层泥晶颗粒灰岩，产状平缓，节理裂隙不发育或延展性差，岩石的原始孔隙度、吸水率和渗透率有变化，峰体坡度变陡的位置表示有厚层岩石分布，坡度变缓则表示岩石变为薄层或者岩石出现夹层。

　　桂林南溪山、栖霞禅寺后的普陀山等石峰普遍都有陡峭的一面，主要是大气降水形成的径流沿着节理裂隙流动，久而久之形成了垂向的溶蚀裂缝。岩石的基质孔隙度、吸水性和渗透均较低，水流不易向岩石内部渗漏，溶蚀作用沿着裂隙进行，导致裂隙不断扩大。当溶蚀作用达到一定程度后，在重力的作用下裂隙一侧的岩石发生崩塌，但同时岩石的单层厚度大和物理强度大，能够支撑陡峭的边坡。有时可以看到在陡峭立面的下部有残留的崩塌作用形成的巨石，而在峰林平原上巨石也很难保存，在石峰的脚部甚至形成洞穴——脚洞，说明石峰底部的水动力强，不利于崩塌堆积物的保存。随着崩塌作用的进行，石峰的高度会越来越低，直至消失。

　　在过去气候处于冰期的时候，岩溶发育的作用力可能与现在气候下完全不同。与世界上其他气候类型岩溶的对比后提出桂林有无末次冰期霜冻作用遗留下来的石灰岩质角砾（limestone scree）问题有待解决，石灰岩角砾是一种在坡脚大片分布的砾径较均匀（约10厘米）的角砾，在我国高海拔地区四川黄龙九寨沟岩溶区，处于温带的英格兰Yorkshire，以及同样处于温带的美国与加拿大边界岩溶区都可见到。20世纪80年代，袁道先先生和英国岩溶地貌学家M.M.Sweeting曾在桂林附近考察近一个星期想找寻此种角砾未果。而最近在丫吉试验场东侧发现的角砾为桂林冰期岩溶的研究提供了线索（图3-6）。

在节理裂隙延展性不好的条件下，降雨形成的径流运动到一定的深度后受到层面的阻隔作用而转为水平流动，因此溶蚀作用沿着坡面进行，这种情况在薄层岩石中多见。由于坡度不大，小型的崩塌作用形成的砾石大部分被保留在坡面的中部，逐渐形成了较厚的坡积物。而坡积物具有良好的保持水土的作用，可以将水流保留在坡面上，继续进行溶蚀作用，这是锥状石峰的形成过程。在塔状石峰上很难观察到坡面流，但石峰内部多有径流。伏波山下还珠洞内可以见到存在于石峰内部的径流。锥状石峰上常常可以见到一些小泉水，如叠彩山下于漓江边出露的泉水、南溪山脚下南溪河边的白龙泉、老人山下西清湖边的泉水就是垂向裂隙发育深度有限的证据。

以上利用地质学和水文学的知识解释了石峰形态的形成原因。在峰林平原，还有一种现象也值得关注，即阳朔县的石峰数量多，且姿态挺拔，构成了最典型的峰林，而在象山区至雁山区即相思江两岸的峰林数量很少，只有在雁山区二塘乡的仁头村出露一个小石峰。石峰数量空间分布不均匀代表了一种差异风化现象，反过来考虑石峰的数量是否可以表示岩溶发育的强度，这依赖于岩溶发育的边界条件和过程。在宏观上如何衡量峰林平原地区岩溶发育程度的空间差异？有学者提出以峰林平原单位面积上山体投影面积的比例作为衡量岩溶发育程度的指标（翁金桃，1987）。山体的面积比例越小表示岩溶发育的程度越高，桂林至阳朔之间的峰林平原面积达到了381平方千米，其中石峰的投影面积占28.7%。石炭系灰岩与白云岩间隔型岩层组合的石峰投影面积比例最低，表明石炭系地层相比于泥盆系地层，风化的速度更快。这可以解释为石炭系地层是覆盖在泥盆系地层的上部，在风化的过程中先于泥盆系地层暴露在地表层，接受风化作用，所经历的风化期更长。只有在石炭系地层被风化剥蚀掉以后下伏地层才开始暴露在外，接受溶蚀。但这个解释需要满足地层没有发生倒转和岩石以垂向风化为主等条件。

图3-6　桂林丫吉试验场东侧山脚下的角砾

三、桂林名山

桂林的山不计其数，是桂林山水的核心之一。早在清崇德二年（1637年），徐霞客在游览桂林山水期间，就游遍虞山、叠彩山、伏波山、七星岩、隐山、雉岩、南溪山、崖头山、荷叶山、刘岩山、象鼻山、穿山、龙隐岩、屏风岩、中隐山、侯山、牛角岩、狮子岩等。不仅如此，徐霞客还攀登桂林最高峰——尧山，考察阳朔附近的龙洞、来仙洞、读书岩、白鹤山，登富教山。只有独秀峰处于王城禁地，徐霞客多次要求攀登而未能如愿，成为终身遗憾。

除了尧山，桂林的名山大都是石山，属于峰林平原上千姿百态的碳酸盐岩峰体。翁金桃（1987）建议以岩性对峰体形态的影响来归类和命名，即根据峰体外缘的坡度、坡形及其组合特征来命名。据此将桂林至阳朔一带的峰林石山分为3类8型，每一型与一定的山式相对应（表3-4）（翁金桃，1987）。

桂林的山各具特色，可以说每座山都有它的独特之处。这些特色都是经过地质时期的天然作用形成的，一旦毁坏便不复存在。本节介绍5座桂林的典型名山，包括尧山、西山、穿山、叠彩山和伏波山。其中伏波山属于单峰类的塔型，西山、穿山、叠彩山既有单峰类的塔型，也有双峰和多峰类的马鞍型和峰簇型。通过描写每座名山的特色和人文历史，尽显名山资源的珍贵。

表3-4　桂林峰林石山的岩性形态类型

类	型	式
单峰类	塔型	独秀峰式
	锥型	碧莲峰式
	螺旋型	螺丝山式
	单斜型	老人山式
	圆丘型	馒头山式

续表

类	型	式
双峰和多峰类	马鞍型	马鞍山式
	峰簇型	普陀山式
组合类	冠岩型	冠岩式

1. 尧山

尧山是桂林市区最高的山峰，位于桂林市东郊，距市中心约8千米，被称为"高亦为桂山诸山之冠"。主峰海拔909.3米，相对高度760米（周建明，2013）。桂林群山林立，山峰秀丽，但均为石山，相对高度不高（桂林市区峰林平原石峰的相对高度在150米内，峰丛洼地或谷地的石峰相对高度约200米），仅尧山为土岭，因其土层较石山厚，山上树木茂盛，山峦重叠，气势雄伟，在桂林的峻秀山峰中别具一格（图3-7）。

早在唐代，尧山便建有尧庙，尧山由此而得名。根据成因形态，尧山属于碎屑岩构造侵蚀地貌。尧山位于桂林弧形构造带伴生的背斜中，呈北南向展布。出露的地层为中泥盆统砂岩（D_2^1），岩性为石英砂岩、粉砂岩夹页岩。整个尧山被相当厚的风化层覆盖。尧山的东面、南面和西面与岩溶地貌接壤。站在尧山之巅，可以远望桂林的山水，特别是可以看到塔状岩溶地貌，是了解桂林岩溶宏观形态和环境形成的最佳位置。从山顶往西边看，桂林坐落在一个岩溶盆地中，漓江从北向南穿过桂林城，其间有桃花江、小东江和南溪河等几条支流。盆地中偶有孤峰，这些孤峰大部分已开发为旅游景点，如象山、叠彩山、伏波山、独秀峰、西山、穿山、普陀山等。

在尧山上，你可以看到桂林岩溶盆地周边的非岩溶地貌。作为漓江的源头，北部的越城岭海拔为2142米，比桂林盆地高出2000米。从越城岭至桂林盆地，分布一系列的山脉，地层为元古代晚期变质的砂岩、页

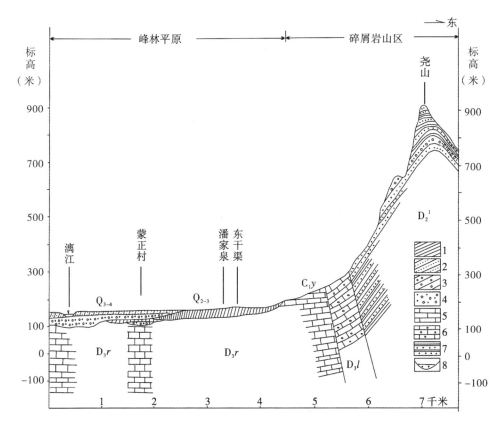

1.黏土；2.亚黏土；3.黏土、亚黏土含砂砾石、碎石；4.砂卵砾石；5.厚层灰岩；6.硅质灰岩、鲕粒灰岩；7.砂页岩；8.砂砾石半充填溶洞

图3-7 尧山—漓江水文地质剖面图

岩、千枚岩，上面被晚泥盆纪的石英砂岩覆盖，还有一些岩浆岩侵入体（Liu，1991）。与岩溶地貌相比，非岩溶地区通常具有延绵不断的高峰，缓和的斜坡和完整的地表水系统。在温暖湿润的条件下，非可溶岩高山的物理风化作用通常比化学风化作用更显著，形成山峰。

桂林周围的非岩溶地貌对岩溶的发育起了重要的作用，因为它们具有特殊的水文形式，使得岩溶地区接受到大量的外源水。外源水硬度和pH值较低，对碳酸盐岩具有较强的侵蚀性，进而对岩溶地貌，特别是峰林岩溶的发育起重要的作用。如位于尧山半山深涧坡的天赐泉，pH值仅为5.3，而一般岩溶水的pH值都为弱碱性（pH=7.0～8.0）。刘再华

（2000）的研究表明，尧山外源水对石灰岩的侵蚀速率为1000毫米/千年，对白云岩的侵蚀速率为200毫米/千年，明显大于石灰岩和白云岩在天然条件下的溶蚀速率。外源水的补给导致峰丛洼地和峰林平原具有不同的分布和地貌类型。

尧山与桂林盆地接触的地带，地下水以泉水或潜流的方式出露，形成一些流量较大的泉水，如冷水塘泉、社塘泉等。

从尧山往南看，可以看到一簇一簇的峰丛洼地。这些洼地往往呈五至六边的多边型形态，面积为0.06～1.00平方千米。洼地深90～300米，剖面形态呈漏斗形或圆柱形。峰体则大部分呈圆锥形，坡度常大于50°。洼地底部常点缀有一些落水洞或竖井，可以排泄地表水。

从尧山上可以看到沿着漓江及其支流的塔状岩溶分为不同的亚类。一系列的峰体孤立于盆地内，高度为30～80米。盆地表面较为平坦，与位于150米的漓江阶地的海拔相同。盆地中分布有河流、池塘、井和泉水。因此，峰林平原的分布与地表水流动，特别是外源水的流动状态紧密联系。外源水补给面积越大，形成的峰林平原可能越宽，尧山就扮演了给桂林盆地提供外源水的角色。

尧山除能俯瞰桂林的特点之外，还以变幻莫测、绚丽多彩的四时景致闻名，成为欣赏桂林山水的最佳去处。春天，漫山遍野的杜鹃花吸引了踏青的市民；夏天，满山松竹郁郁葱葱，成为避暑的胜地；秋天，枫红柏紫，可以感受到喜悦的味道；冬天，如能遇上冰凌奇观，甚或白雪覆盖，是别具一格的景色。

尧山不仅是桂林市独具一格的自然风景区，还是一个人文宝地。在尧山海拔650米左右处，有唐代时建的白鹿禅寺，为白鹿禅师故居（亦称玉皇阁）；尧山海拔200米处，有明代时建的祝圣庵（又名茅坪庵）；尧山脚下有全国保存最完整的明代藩王墓群——靖江王陵，规模宏大辉煌，在此出土的梅瓶名扬四海。2015年，桂林靖江王陵被国家文物局列入第一批国家考古遗址公园立项名单。

2. 西山

西山因位于桂林城区的西部而得名。据载，西山早在唐代就成为旅游胜地，是桂林市开发最早的旅游景点之一。西山由12座大小不等的山峰组成，主峰（群峰）由西峰、观音峰、龙头峰和千山组成，因此西山主峰是一座小的峰丛山体。西峰是西山的最高峰，海拔约为357米。由上泥盆统桂林组石灰岩（D_3g）组成，岩性为灰黑色中厚层状灰岩，年代距今大约3.5亿年。西峰与观音峰、千山和立鱼峰之间分布有一些小的封闭洼地，这在桂林市区是少见的。

西山的主峰——西峰位于群峰的西北部，形态挺拔但峰体不宽，如一根石柱插在群峰之间。从山脚至山顶，各种小微岩溶形态尽收眼底，如大裂隙、溶沟、溶槽、溶痕等，深深的溶痕似乎在诉说千百年的沧桑和雨水的洗礼（图3-8）。北偏西方向为观音峰，峰下有一危石，形若龙头，取名龙头峰（图3-9）。因龙头峰石头裸露，既无土壤也无植被覆盖，嶙峋怪异，又称"龙头石林"，是西山群峰中的又一特色。立鱼峰位于群山的东北面，远看立鱼峰，厚层石灰岩近于水平，层层叠叠；层与层之间裂隙或大或小，使峰体突显险峻之势。在立鱼峰山腰，修建有"西峰亭"，是"西峰夕照"的观赏佳处，桂林市的"老八景"之一。

西山群峰的东面有一独立山峰，名为隐山。隐山东西长仅150米，南北宽约80米，相对高度为40米。隐山的奇特之处在于其发育的洞穴，该山山体面积不大，但洞穴有多达12个，几乎遍布石山四周（图2-36）。其中最重要的为朝阳洞、夕阳洞、白雀洞、北牖洞、南华洞、嘉莲洞，合称"隐山六洞"。清代学者阮元所著的《隐山铭》中说："一山尽空，六洞互透"。六洞各呈姿态，多与泉水相连，有人称赞"八桂岩洞最奇绝处"。韦宗卿在《隐山六洞记》中记载："目诸水隐山下，池溢曰蒙泉，派合成流……"。这些洞穴都位于山脚，洞与洞内部相连。隐山的诸多脚洞里有贝窝保存，洞口及洞内流痕显示，这些洞

图3-8 灰岩表面的溶痕

图3-9 西山龙头峰

穴都是流入型的，即地面水从石峰四周向其汇聚，因此这些洞穴是峰林平原区典型的脚洞系统。这种脚洞在峰林平原的演化中起了重要的作用，一旦脚洞形成，洞穴便成为地表水的汇流处。此外，脚洞也是峰林平原现代水文系统中重要的补给来源。

与隐山脚洞形成关系密切的地表水是隐山脚下的西湖了。据载，隐山为唐代桂管观察使李渤于宝历年间开发。李渤和下属们发现这座小山上到处有洞，洞中"水石清拔，悠然有真趣"，于是组织民工建造亭阁，给"隐山六洞"取名。开发后，隐山有如蓬莱仙境，隐山脚下的西湖也吸引人们纷纷前来泛舟。宋代时开凿了朝宗渠，引漓江水进入西湖，成为西湖的重要水源之一。后来朝宗渠淤塞。宋淳熙元年（1174年），范成大重开朝宗渠，西湖水面扩大至逾46.67公顷。宋末元初，朝宗渠被人为全部塞断或改道，朝宗渠断流，西湖缺少了重要的水源，日渐缩小。明嘉靖年间，西湖淤积严重，有的地方荒废成稻田，有的地方变成了藕池。张鸣凤写于明万历十七年（1589年）的《桂胜》记载："（西湖）今悉为田，仅余一线水，出注阳江（桃花江）"。西湖的衰颓也影响到了周围的景致。徐霞客在清崇德二年（1637年）来到桂林，本想考察一下桂林西湖，却发现再也不见前人所说的西湖美景了，只好在日记里写下"今则西江南下，湖变成田，沧桑之感有余，荡漾之观不足矣"的文字。民国时期，修筑湘桂铁路；抗战时期，修筑西山公路，都极大的改变了西湖原貌。现在的西湖，面积仅有最大时的1/10。纵观西湖变迁的原因，不难发现人类活动是改变西湖原貌的主要因素，这很鲜明地阐释了人与自然该如何和谐相处的问题，也为当代桂林在建设可持续发展示范中如何解决城市发展的人地矛盾提供了参考。

除了这些自然景观，西山最为吸引世人目光的就是摩崖造像了。这里有唐代南方五大禅林之首——西庆林寺的原址。现存的1000多件唐碑石刻、摩崖造像，距今已有1000多年的历史，为整个桂林市最早、最多的摩崖石刻。最具代表性的作品，是坐落在观音峰半山脊的"李实造像"。这里历代游踪不绝，唐代的鉴真、李渤、戎昱，宋代的米芾、方信孺、范成大，明代的徐霞客、袁崇焕、董传策，民国时期的李宗仁、徐悲鸿、老舍等都在这里留下了足迹。

3. 穿山

穿山位于桂林市区漓江的东岸，漓江的支流——小东江的旁边。穿山由5座峰组成，是峰林平原上的一个连座石峰，平地拔起148米。北峰和西峰紧依小东江，中峰突起，东峰和南峰与塔山相望（图3-10）。与该地区很多其他的石峰一样，穿山发育在产状相对来说是水平的融县组灰岩中，高出漓江和小东江阶地50米。山体由上泥盆统融县组中上部亮晶砂屑灰岩夹云质灰岩和白云岩组成。穿山位于南溪山背斜的东南翼，岩层呈单斜状，倾向南东110°，倾角小于15°。主要断裂走向为北西320°，此外北西350°和近东西向两组节理非常发育。穿山的洞穴承袭断裂和节理发育，明显地受到构造控制（朱学稳等，1988）。

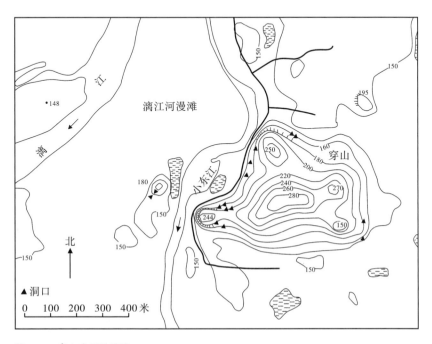

图3-10 穿山地形位置图

穿山山体洞穴化程度高，以横向洞穴为主，有自然洞道30个，以标高145～185米的洞穴数目最多，且规模大。最底部洞穴的发育表现为脚洞；第二层洞穴的相对高度为20～30米，包括一个大的潜水带洞穴通道，它贯穿了石峰，即通常所说的穿洞；第三层洞穴相对高度为40～50米，就是通常所说的月岩，它同样也贯穿了石峰，并包含一个潜水带通道及一个后期的渗流带下切，在高度约50米处。沉积学研究表明，穿山石峰洞穴沉积物与同时期河流沉积物不同，似乎起源于多种成因。最老的沉积物出现在月岩，是由重力堆积、泥石流状沉积物组成，而其基质由冲积、崩积和风蚀颗粒组成。在上层洞穴所采集的样品与月岩的样品大致相似，但这两个最高层洞穴的沉积物与下面的脚洞和穿洞沉积物极为不同（P. A Bull等，1990）。

若以相对高度而论，大致可将洞穴分为几个发育阶段：①现代枯水位附近，最大洪水位以下；②现代枯水位上5～20米；③现代枯水位上20～40米；④高出枯水位40米以上（图3-11）（朱学稳等，1988）。

在这些洞穴中，沉积物最丰富、最具观赏价值的便是穿洞，穿山因此而得名。穿洞包括大厅、曲折环回的通道、狭窄的裂隙，通道总长度达3488米。这里的方解石具有良好的沉积条件，产生市区较为少见的岩溶地貌奇景，包括千姿百态的钟乳石、四连体石盾、长达1.5米的鹅管、卷曲般的石枝、石花或石毛。穿山岩经过一年的定期观测，洞内空气温度为21±1摄氏度，相对湿度均在90%以上，特别是缝隙处经常保持潮湿状态，这种环境有利于石枝的生长（朱学稳等,1988）。石盾（cave shield）是由略具承压性质的裂隙水从裂口流出时形成的。多出现于洞壁及洞顶，有时可见数盾连生。石枝（curlstone）是由饱含碳酸钙的水从洞壁或钟乳石的毛细管状细孔渗出而沉积的，可成水平方向或向上弯曲。石花（cave flower）为呈丛花状散布在洞壁或其它洞穴堆积物表面的雾滴水沉积形成。穿山洞的"四连体石盾"还荣获大世界吉尼斯纪录，堪称世界溶洞一绝，在桂林的游览溶洞中，它以独树一帜的溶洞景观为世人瞩目。然而，随着环境的变化，如洞穴滴水的减少或者滴

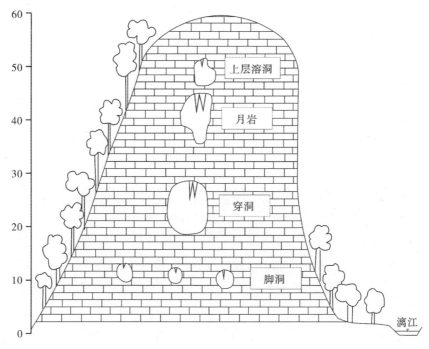

图3-11　穿山洞穴发育示意图

水携带地表污染物的增加，加上一些人为的破坏，一些原来令人叹为观止的景观已经退化或消失，如卷曲的石枝停止发育或者颜色变黑。这些事实说明，桂林名山的一石一物都是来之不易的，是大自然亿万年的杰作，一旦毁坏就不复存在，必须加强保护，并向群众普及保护意识。

位于第三洞穴层的月岩，南北贯通，长约28米，宽和高分别约为12米，如当空皓月，称为月岩（图2-47，图3-12）（P. A Bull等，1988），或题为"空明"，故穿山又有空明山之名。根据洞穴内沉积物的古地磁研究，穿山的洞穴大约形成于90万至160万年前（威廉姆斯等，1986）。它们曾经是由一条大的地下河塑造而成的一个洞穴系统的一部分，在峰林发育过程中被解体呈残留部分。穿山半山腰洞穴的流痕、波痕清晰地记录了洞穴的发育过程及古水流方向及古水流方向（图3-13）。

图3-12　月岩穿洞

图3-13　穿山洞穴内的波痕

　　明代俞安期诗云："穿石映圆辉，明明月轮上。树影挂横斜，还如桂枝长。"月岩自古以来为文人骚客游历踏足的胜地。南宋嘉定十五年（1222年），桂州通判胡伯圆于岩上题刻《月岩》榜书。南宋端平三年（1236年），静江知府赵师恕等人题刻十余件，其中的"江作青罗带，山如碧玉簪"依稀可见。2001年6月21日，中华人民共和国国务院公布桂林"月岩石刻"为全国重点文物保护单位。

　　塔山在漓江的东岸、小东江西畔，与穿山隔江相望，海拔194米，相对高度44米。塔山为漓江中的一座小孤峰。山上有明朝修建的古塔，古塔为八边型七层结构，高13.3米，北面嵌佛像，称寿佛塔。"塔山清影"是桂林山水的另一幅杰作（图3-14）。

图3-14 "塔山清影"

4. 叠彩山

叠彩山位于桂林市中心的北部、漓江的西岸。叠彩山出露的地层主要为上泥盆统桂林组，岩性是灰岩和白云质灰岩，岩层呈薄层、中厚层或厚层状，层层堆叠，如同堆缎叠锦。唐代文学家、桂管观察使元晦的《叠彩山记》中记载："山以石纹横布，彩翠相间，若叠彩然，故以为名"。叠彩山由明月峰、仙鹤峰和四望山、于越山组成。主峰明月峰，海拔223米；最高峰为仙鹤峰，海拔253.6米。

明月峰的半山腰处为叠彩山著名的风洞（图3-15）。风洞长20米，最宽约9米，最高5米，呈葫芦状。具有2个宽敞的大厅，即南洞和北洞，南洞叫叠彩岩，古称福庭；北洞叫北牖洞。由于洞体高悬半山腰，南北对穿，中间狭窄，前后开阔（颜景盛，1996），因而一年四季清风徐徐，誉为"叠彩和风"，为叠彩山最吸引人的景点之一。风洞有唐、宋摩崖石刻佛像90尊，表现的主要是释迦牟尼、阿弥陀佛及他们的胁侍菩萨和胁侍弟子（图3-16）。

沿着风洞继续向上爬约200级台阶便到明月峰。明月峰以高、险、峻、秀著称。高可摩天，雄踞江边，壁立木龙古渡头。峰尖如笋，山石逐层深进，渐次升高（颜景盛，1996）。在明月峰山顶可以俯瞰整个桂林城，桂林江景、城景尽收眼底。东有尧山、猫儿山、屏风山，东南可看到七星山、穿山、塔山；南有南溪山、斗鸡山、象山、伏波山、独秀峰；西有甲山山脉、西山诸峰、光明山、芙蓉山、宝积山、飞凤山；北有铁封山、鹦鹉山、观音山、虞山、九华山。漓江蜿蜒穿城而过，正所谓"千峰环野立，一水抱城流。"（宋·刘克庄）。从地质的角度看，在明月峰顶可以从北、东和西3个方向看到非岩溶地貌，也能清楚地感受到塔状岩溶在周围外源水的影响下，发育得如此完美。

仙鹤峰位于明月峰的西北面，海拔比主峰明月峰高30.6米，是叠彩山诸峰最高的。山腹有仙鹤洞，高约14米，底宽8.6米，长60米。仙鹤洞为一穿洞，分为上下2层。下层较空旷，东西方向穿透，岩壁平整光滑，俨然是长形拱顶大厅。东西两洞个口成为借景窗口：东口面对明

图3-15　叠彩山风洞洞口

图3-16　叠彩山风洞内石刻

月、于越诸峰，层峦重叠，锦翠连山；西口面对城北，屋宇楼台，鳞次栉比。一洞之中，汇集两种截然不同的景色（图3-17），置身其中，犹如透过镜头聚焦景色一般。

叠彩山的东麓靠近漓江，北靠木龙湖。由于山峰部分岩体陡峭，在风化、降水、振动等作用的影响下，易发生崩塌等地质灾害。2015年3月，叠彩山曾经发生较为严重的山体崩塌致死致伤事故。这也表明，表面上看起来坚硬结实的碳酸盐岩，在自然和人为的共同影响下，也会受到破坏而发生变化，因此必须重视保护，并加强管理。

除自然景观之外，叠彩山也具有深厚的人文历史。山上历代名人的摩崖石刻多达210件，为文物的精华，大部分石刻都集中在风洞内外。1963年，朱德元帅和"革命老人"徐特立同登明月峰，并作诗唱和，成为诗坛佳话。

叠彩山以"层峦叠锦彩，边陲辋川图"而闻名（邹巧燕，2011），是桂林市不可多得的秀美景观之一。

5. 伏波山

伏波山位于桂林市中心区漓江西岸，是一座独立的孤峰，它半枕陆地，半插漓江，山势陡峭（图3-18、图3-19）（刘英，1982）。漓江流到这里，被山体阻挡而形成了巨大的回流，古人称其"麓遏澜洄"，意为制服波涛，故此山称伏波山。伏波山素以岩洞独特，景致清幽，江潭清澈而享有"伏波胜景"的美誉，自唐代起便是著名的游览胜地。

伏波山除以山体独特的形状而闻名外，山体内的还珠洞也极具特色。从形成条件来看，还珠洞属于脚洞的类型。据记载，古时只有临江的一面有洞口，要坐船方能进入。后来人们在西面和南面各开了一个口，才可以从陆地步行入洞。洞内高4～6米，宽6～8米，总长逾120米，面积超600平方米。洞内有通往多个方向的通道。洞壁有明显的波痕，是古时水流动的痕迹。洞内滴水丰富，新鲜的壁流石依稀可见（图3-20）。

还珠洞内靠近漓江的一侧，有一根神奇的石柱，它上大下小，下垂的石柱与下面平整的基岩面仅有4～5厘米的空隙，被称为试剑石（图3-21）。试剑石是一根石灰岩被溶蚀而遗留下来的残柱，因原来它的底部有一层很薄的钙质页岩，经过江水长期的冲刷，沿着页岩的层间溶蚀，便留下了这条好似被剑削去的缝隙。在洞的南壁与之对应的位置，现今仍可以找到这一薄层页岩。

还珠洞吸引了很多古代诗人到这里抒发灵感，其洞壁至今保留着很多石刻，石刻大部分分布在与还珠洞相连的千佛岩内。千佛岩共有3层：上层南北长6米，东西宽7.4米，高12米；中层距上层2.3米，宽与上层相同；下层高2米，长20米，宽1.5米。上层刻有佛像200余尊，多为晚唐时期的作品，最早可追溯到唐大中六年（852年）。这些石刻佛像面目清癯、体态温和、服饰简朴、雕工精细，有的还镌刻有造像记（图3-22）。部分石刻佛像是宝贵的佛教艺术杰作，具有很高的艺术鉴赏价值和研究价值。

图3-17 叠彩山仙鹤洞

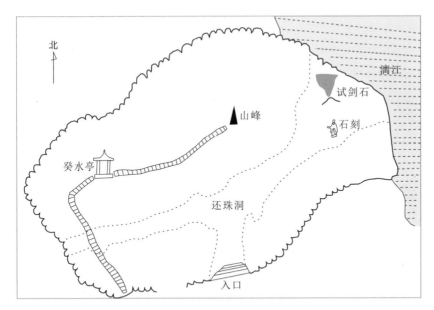

图3-18 伏波山孤峰示意图

图3-19 伏波山远景（右侧突出山峰为老人山，山顶残留一片白垩系红色角砾岩）

图3-20 还珠洞内的壁流石

图3-21　伏波山还珠洞内的试剑石

图3-22 伏波山还珠洞内的石刻佛像

第四章　桂林秀水

桂林的山水风景离不开水。"涓涓千尺净见底，隔岸空行鱼曳尾"，桂林山以石山为主，现代水土流失程度低，因此桂林的溪涧江河显得清澈明净，游鱼可数。水的清丽之美，还在于它总是和山、洞紧密相连。山是平地拔起，没有一般山峦的脉络相连，显得高峻挺拔，山和水相连，关系奇妙。山根在水中，水又随山流转，水啮着山穿成洞穴，山山抱奇洞、水在洞中流，故曰："桂林山水之美，其半在水。"

碳酸盐岩的可溶性，决定岩溶地区具有地表、地下双层结构，地表、地下通过落水洞、竖井、天窗、裂隙、溶隙等岩溶形态相连。在岩溶峰丛山区，降水可通过这些连接"通道"快速进入地下河中，成为岩溶水运动的主要场所，造成地表缺水，故曰："地表水贵如油，地下水滚滚流。"地下河不仅对岩溶地区社会生产生活有着非常重要的作用，而且在地下造就了一个瑰丽神秘的"水世界"。在峰林平原地区，地表河网密集，与农田交织，构成了美丽的田园风光。在一些地段，地表河流切穿覆盖层，直接同下伏碳酸盐岩接触，并通过裂隙、溶隙、落水洞等进入地下，又在另一处流出地表，构成了奇妙的地表、地下变化结构，给桂林的水平添了几分神秘色彩。伴随着岩溶水在地表、地下的转换，各种污染物，如农药、化肥、汽油等也随之进入岩溶含水层，造成地下水水质恶化，水环境退化，破坏水生态平衡，影响桂林山水的可持续发展。

本章系统介绍桂林地区主要的地表水和地下水的地质、地理、水文地球化学特征，加强对水系的整体认识，为保护桂林秀水提供基础资料。

一、地表水

桂林市境内主要河流有漓江、桃花江、桂柳运河（相思埭）、义江、大江、金宝河、遇龙河及大源河等，均属珠江流域西江水系。漓江是桂林市及桂林地区的主要河流，桃花江是漓江最大的支流。此外，漓江的支流还有小东江、相思江、南溪河、宁远河以及灵剑溪等。

宋代刘克庄的"千峰环野立，一水抱城流"描述了桂林城的峰林地形及水系密布、河流湖塘相连的景象（颜邦英，2002）。桂林古城水流分为外环、中环和内环：外环东边是漓江、小东江、灵剑溪，西边是桃花江、西湖、桂湖、清塘、芳莲池，南边是桃花江、榕杉湖，北边是朝宗渠；中环东边是漓江，西边是西壕塘，南边是阳塘，北边是铁佛塘（今木龙湖的水面）；内环东边是漓江，西边是古西壕塘，南边是阳塘，北边是一条沟渠（颜邦英，2002）。

下面仅对漓江、桃花江、小东江、遇龙河等4条主要地表河流加以说明。

1. 漓江

漓江历史上曾名桂水，或称桂江、癸水、东江，流经广西壮族自治区第三大城——桂林市，以流域孕育的独特绝世的自然景观——桂林山水而秀甲天下，其风景秀丽，山清水秀，洞奇石美，是驰名中外的风景名胜区（漓江概况，2012）。

（1）地理位置

漓江流域位于广西壮族自治区东北部，属珠江流域西江水系的桂江中上游河段。发源于海拔1732米的越城岭老山界南侧。地理坐标为东经109°45′～110°02′，北纬24°16′～26°21′，流经兴安、灵川、桂林、阳朔，至平乐县恭城河口止，全长164千米，流域总面积5039.7平方千米（阳朔县城上游）（图4-1）（单之蔷，2011）。整个漓江流域以漓江为轴线，呈南北向狭长带状分布，属于中亚热带季风气候区，

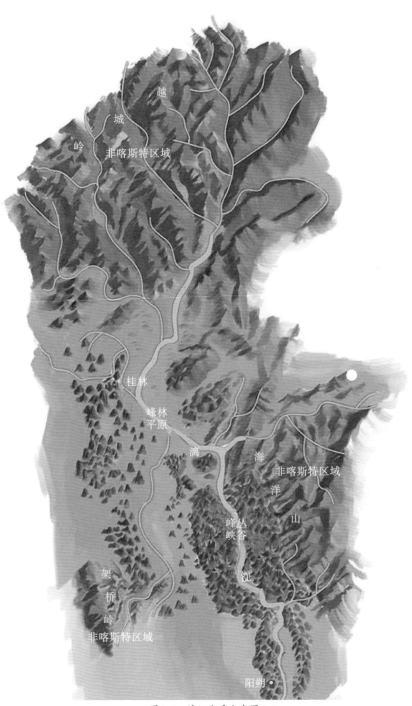

越城岭

非喀斯特区域

桂林

峰林平原

漓

海洋山

非喀斯特区域

峰丛峡谷

江

架桥岭

非喀斯特区域

阳朔

图4-1 漓江水系分布图

年平均气温为16.5～20.0摄氏度，年平均降水量为1367.5～1932.9毫米，降水丰沛，但降水受东南季风的影响，季节分配极不均匀（原雅琼，2016；茹锦文，1988）。漓江流域主要河流均属雨源型，表现为径流量的变化与降水量的一致性，4～8月为丰水期，径流量约占全年径流量的70%～80%，11月至翌年2月中旬为枯水期，其他时间为平水期，多年平均水资源量为6.388×10^9米³/年，具有十分丰富的水资源。

（2）地貌概况

将漓江流域地质背景划分为裸露型岩溶区、覆盖型岩溶区和非岩溶区3类（图4-2），并大致以桂林水文站为界，3类的分布情况如表4-1所示。桂林水文站上游流域以非岩溶区为主，桂林水文站下游流域以裸露型岩溶区为主，且漓江流域的岩溶区与非岩溶区分布面积相当。

表4-1 漓江流域不同岩性分布情况

区域	总面积		裸露型岩溶区		覆盖型岩溶区		非岩溶区	
	面积（平方千米）	比例（%）	面积（平方千米）	比例（%）	面积（平方千米）	比例（%）	面积（平方千米）	比例（%）
桂林水文站上游	2744.8	54	740.7	27	274.9	6	1839.2	67
桂林水文站下游	2294.9	46	1394.6	61	91.2	4	808.8	35
总计	5039.7	100	2135.3	42	366.1	7	2648.0	51

桂林市及桂林地区土壤属于红壤系列，主要土壤类型有红壤、石灰土、黄壤、紫色土等，地带性土壤为红壤，分布于海拔700米以下的低山丘陵区，随着地势的升高过渡为山地黄壤至黄棕壤。主要植被有亚热带常绿阔叶林、亚热带针叶林、亚热带草丛、亚热带常绿落叶阔叶混交林等。河流中主要有黑藻、金鱼藻、竹叶眼子菜、狐尾藻、苦草等水生植物（原雅琼，2016）。

漓江流域地形为北、东、西3面较高，属于海拔1000米以上的中低山地；向中、向南高度逐渐降低，为一开阔的岩溶谷地。在岩溶谷地

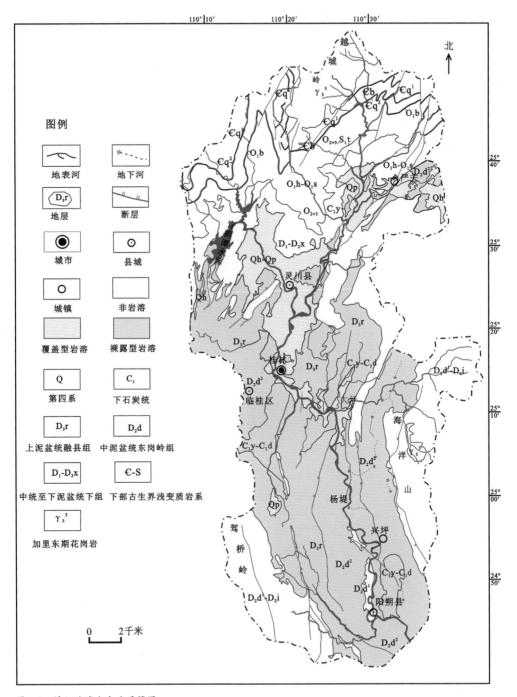

图4-2　漓江流域水文地质简图

有众多奇特的岩溶地貌形态，尤其是闻名于世的典型的热带峰林（图4-3），不仅使国内外众多的游客赞叹不已，而且是岩溶科学工作者考察、探索岩溶发育规律的良好场所。漓江流域的地貌类型大致可以划分为以下10个主要类别（茹锦文，1988）。

①碎屑岩底层所组成的中低山地：是一种侵蚀地形，主要分布于越城岭、海洋山、架桥岭一带，山脊线明显连续，受构造方向控制。

②碎屑岩底层所组成的丘陵：多分布于上述中低山地的边缘以及其他泥盆系中、下统，白垩系底层小片零星出露的地区。

③洪积扇：分布于上述中低山山前坡麓，与平原、谷地或洼地的接壤部位，在河流或冲沟出口处尤为明显，多为连片分布，个别呈扇状，由第四系更新统黏土、亚黏土及砂砾层等洪积物组成。

④岗地：分布于桂林市郊至临桂六塘一带的岩溶峰林平原区，由第四系中、下更新统红色黏土泥砾组成，地面形态常呈长垣状或孤丘状，面积不大。

⑤阶地：多分布于漓江及其支流两岸，其中二级阶地分布零星，由第四系中、下更新统红色黏土泥砾组成。

⑥峰丛洼地：是漓江岩溶谷地中的主要地貌形态，大多发育在中、上泥盆统厚层的碳酸盐岩地层中，位于地质构造上断块相对抬升的一侧，由相对标高200～500米的连座状的石灰岩山以及负向封闭型的洼地所组成。桂林东效丫吉村岩溶水文地质试验场为典型峰丛洼地。

⑦峰林平原：广泛分布于中低山山前以及峰丛洼地的外围地带，在微有起伏的岩溶平原面上散布着平地拔起、疏密不等的石峰，平原面标高为130～155米，高出当地排泄基准面8～14米，覆盖层厚数米，大部分为耕地或城乡建设用地。部分基岩裸露，成为石海。

⑧峰林谷地：是一种比较次要的岩溶地貌形态，常与峰丛洼地相邻，与峰林平原相并出现，是一种条形的岩溶谷地。

⑨丛丘、岭丘、缓丘：是一类溶蚀—侵蚀的地貌形态。发育于石炭系下统，泥盆系中、上统薄层的不纯灰岩、泥灰岩、硅质岩分布地区。

图4-3 岩溶地貌景观

⑩溶蚀—侵蚀谷地平原：常与峰林平原或谷地相伴出现，但不及峰林平原那样平整，常呈波状起伏的表面，并有数米至十数米厚的残积黏土层覆盖。

（3）漓江的演化

漓江是桂林山水的灵魂，其演化历史也成为人们关注的科学问题。观察漓江走向，会发现漓江从穿山到大圩段，流向发生突变，另外观察漓江的支流，发现相思河是从南向北流，与漓江流向的夹角是钝角，原因是什么？

据邓自强等（邓自强等，1987；1988）研究，在白垩纪晚期，桂林水系与现在不同。雁山—桂林—兴安、明村—阳朔为两条汇水带，分别是古湘江、古漓江。也就是说，相思河以前是古湘江的最上游段，桂林到兴安的古湘江流向是自南向北的。而古漓江发源于大圩到阳朔的地下河，在阳朔成为地表水汇入漓江干流，漓江峡谷两岸陡崖上残留的中高层洞穴即为古地下河的证据。

到了第三纪，漓江峡谷区域地壳抬升，侵蚀基准面下降，漓江下切形成峡谷，同时古漓江沿着大圩—拓木镇断裂发生溯源侵蚀，相思河被袭夺，这就解释了相思河是从南向北流，与漓江流向的夹角是钝角的原因。

在第三纪喜马拉雅运动中，大圩阳朔段是地壳抬升幅度较大的地区，漓江下切成峡谷，沿着峡谷多处可见溶蚀下切红层角砾岩，形成峭壁，如杨堤、"九马画山"等地。在抬升比较弱的地方，如葡萄、雁山、朝阳，受外源水侧向溶蚀侵蚀影响，峰丛洼地解体成谷地甚至向峰林平原转化。这就初步解释了为什么漓江在市区段是峰林平原，而在峡谷段是峰丛洼地的现象。但在有些地区，如桂林市南郊人头山，及葡萄镇一带，过去曾被红层覆盖，其长期经历的是红层被剥蚀的过程，而从未发育峰林地貌。

（4）水文地球化学特征

对漓江主流和干流13个点进行采样，发现漓江地表水体阳离子当量浓度（$TZ^+=2Ca^{2+}+Na^++2Mg^{2+}+K^+$）为0.47～4.48毫克当量/升，平均为2.00毫克当量/升，远高于世界河水平均值（1.25毫克当量/升）；阴离子当量浓度（$TZ^-=HCO_3^-+2SO_4^{2-}+NO_3^-+Cl^-$）为0.51～4.31毫克当量/升，平均为1.99毫克当量/升，阴阳离子当量浓度基本达到平衡（阴阳离子电荷平衡之差<5%）。从阳离子浓度均值来看，$Ca^{2+}>Mg^{2+}>Na^+>K^+$，Ca^{2+}为主要的阳离子，平均占阳离子组成的80%，其次是Mg^{2+}，平均占阳离子组成的12%；从阴离子浓度均值来看，$HCO_3^->SO_4^{2-}>NO_3^->Cl^-$，$HCO_3^-$为主要阴离子，平均占阴离子组成的81%，其次是$SO_4^{2-}$，平均占阴离子组成的9%。水化学类型为$HCO_3$–Ca型，这两种离子主要来源于碳酸盐岩的风化溶解，反映了水化学特征主要受控于流域的地质背景。同时，相对偏高的SO_4^{2-}、NO_3^-、Na^+反映出漓江地表水体可能受到人类活动的影响。

漓江地表河水电导率多雨期（7月、8月、11月）低于少雨期（9月、10月），变化范围为45～448微西门子/厘米；pH值为7.04～9.75，水温为17.3～33.9摄氏度。如图4-4（赵海娟等，2017），Ca^{2+}和Mg^{2+}离子浓度分别为6.27～65.77毫克/升和0.82～7.40毫克/升，少雨期略高于多雨期；HCO_3^-离子浓度为24.4～213.5毫克/升。从空间变化上看，主要溶解离子（Ca^{2+}、Mg^{2+}、HCO_3^-）质量浓度存在较为一致的空间分布特征，表现为岩溶区>岩溶区与非岩溶区的混合区>非岩溶区，这主要与漓江流域碳酸盐岩空间分布不均有关（赵海娟等，2017）。

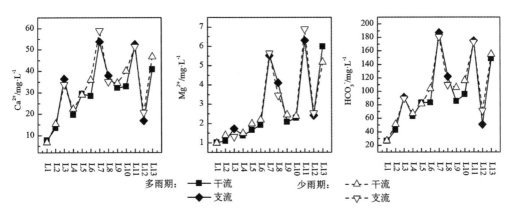

图4-4 漓江主要溶解离子的变化特征

①不同地质背景对岩溶无机碳通量的影响。对漓江上游（碳酸盐岩占50%的灵渠流域，和仅占9%的大溶江流域）两个具不同地质背景的地表河流域进行一个完整水文年的观测和采样，结果表明，灵渠断面河水有着比大溶江断面更高的pH值和电导率。大溶江断面总阳离子当量浓度（$TZ^+=K^++Na^++2Ca^{2+}+Mg^{2+}$）为0.50～1.31毫克当量/升，平均0.89毫克当量/升；总阴离子当量浓度（$TZ^-=F^-+Cl^-+NO_3^-+SO_4^{2-}+HCO_3^-$）为0.58～1.44毫克当量/升，平均1.01毫克当量/升。与电导率相一致，灵渠断面有着相对更高的离子当量浓度，其总阳离子当量浓度为1.49～3.04毫克当量/升，平均2.31毫克当量/升；总阴离子当量浓度为1.47～3.35毫克当量/升，平均2.48毫克当量/升。此外，大溶江断面和灵渠断面SiO_2含量分别为0.08～0.11毫摩/升和0.01～0.12毫摩/升，大溶江断面略有高出。两个断面都表现为碳酸盐岩和硅酸盐岩风化混合的特征，并以碳酸盐岩风化为主。虽然大溶江流域碳酸盐岩的分布面积远小于灵渠流域，但两个流域碳酸盐岩风化的贡献比例没有显著差距，这与外源水对碳酸盐岩的强侵蚀有关。大溶江流域中上游基本上为碎屑岩（图4-5）（孙平安等，2016），其地表水方解石饱和指数（SIc）不饱和（如六洞河电导率为18微西门子/厘米，SIc为-3.67），具有较强侵蚀性。当该外源水进入流域下游岩溶区后，水岩作用加强，促进了岩溶作用的发生，加剧了碳酸盐岩的风化。

经过岩溶区后的大溶江断面电导率为52.8～155.9微西门子/厘米，平均为92.9微西门子/厘米；SIc为-0.98～-2.35，平均为-1.62，较其上游显著增加，也显示了外源水对碳酸盐岩的侵蚀作用。综上所述，虽然大溶江和灵渠流域碳酸盐岩分布面积不占绝对优势，但因碳酸盐岩风化速率显著大于硅酸盐岩风化速率以及外源水的作用，河流水化学组成表现为以碳酸盐岩风化来源为主，部分受硅酸盐岩影响。大溶江和灵渠河水最主要的阴阳离子HCO_3^-和Ca^{2+}主要是岩石风化的贡献，以及碳酸和硫酸对碳酸盐岩的溶蚀，硅酸盐风化也有着一定的贡献。

在扣除硫酸溶蚀的基础上，利用水化学—径流法估算出大溶江

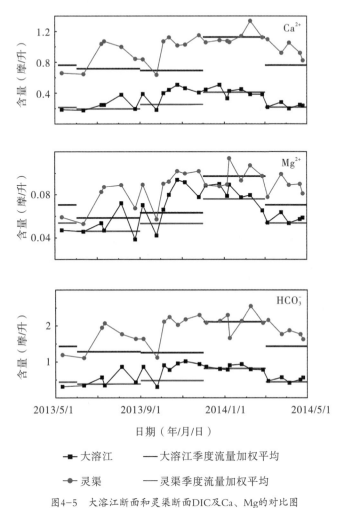

图4-5 大溶江断面和灵渠断面DIC及Ca、Mg的对比图

和灵渠断面无机碳汇量（以CO_2计，下同）分别为1.72×10^4吨/年和7.26×10^3吨/年，单位面积碳汇通量分别为23.8吨/（千米²·年）和29.3吨/（千米²·年）。该数值明显小于典型岩溶水系统［68.82～100.07吨/（千米²·年）］，而与珠江［16.3 吨/（千米²·年）］、西江［20.3吨/（千米²·年）］、柳江［19.7吨/（千米²·年）］、乌江白泥河［14.6吨/（千米²·年）］等碳酸盐岩、碎屑岩混合流域相当（孙平安等，2016）。

②外源水对岩溶区无机碳通量的影响。漓江干流HCO_3^-的浓度从上游至下游逐渐升高，支流浓度高于干流；$\delta^{13}C_{DIC}$值变化较小，受水气界面CO_2交换的影响，$\delta^{13}C_{DIC}$值从上游至下游逐渐偏正；以岩溶区为主的阳朔断面SIc和SId较以非岩溶区为主的桂林断面偏正，HCO_3^-月均浓度明显较高，外源水补给所形成的混合溶蚀作用对岩溶区无机碳通量的增加起着不可忽视的作用。

漓江干流Ca^{2+}、DIC的浓度分别为10.6～38.9毫克/升、36.6～115.9毫克/升，平均值为28.6毫克/升、83.1毫克/升；漓江支流Ca^{2+}、DIC的浓度分别为28.7～64.0毫克/升、103.7～207.4毫克/升，平均值分别为44.9毫克/升、143.7毫克/升。两者支流的浓度均高于干流，整个流域干流Ca^{2+}、DIC浓度逐渐升高。从图4-6可知，1～5号采样点的补给来源主要是非岩溶区的外源水及雨水，具有较低的Ca^{2+}、DIC值。1号点灵河具有相对较高Ca^{2+}、DIC值，可能与其碳酸盐岩夹层的快速溶解有关。6～22号采样点岩溶区的补给来源面积逐渐加大，Ca^{2+}、DIC值逐渐升高。由于干流接受上游外源水及沿途雨水的补给，因此具有较低的Ca^{2+}、DIC值。

漓江干流$\delta^{13}C_{DIC}$值为-11.22‰～-9.86‰，平均值为-10.45‰±0.37‰，除了漓江上游$\delta^{13}C_{DIC}$值出现波动，整个流域$\delta^{13}C_{DIC}$值变化较小。漓江支流$\delta^{13}C_{DIC}$值的为-12.09‰～-9.65‰，平均值为-10.70±0.88‰，岩溶区支流的$\delta^{13}C_{DIC}$值在干流$\delta^{13}C_{DIC}$值上下摆动。总体$\delta^{13}C_{DIC}$值变化较小，但上游至下游有逐渐偏正的趋势（图4-7）。

2014年1月至12月对漓江流域桂林断面及阳朔断面河水进行为期一个水文年的采样观测，每月定期采样分析。从Ca^{2+}/Na^+和HCO_3^-/Na^+，Ca^{2+}/Na^+和Mg^{2+}/Na^+三大盐岩类端元图（图4-8）（何若雪等，2017）可见，两个断面都表现出受碳酸盐岩风化和硅酸盐岩风化混合作用的影响，并以碳酸盐岩风化作用为主。其中，桂林断面受到硅酸盐岩风化的影响明显更大，这与其直接由上游外源水补给的情况一致。

对比两个断面HCO_3^-动态变化特征（图4-9），阳朔断面HCO_3^-月均

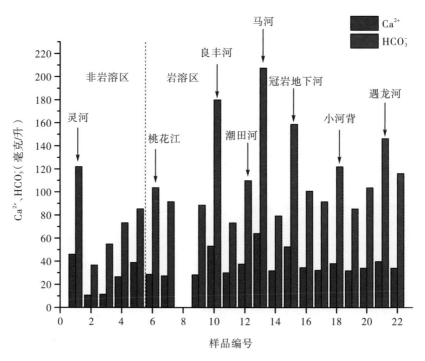

图4-6 漓江支流及干流Ca²⁺、HCO₃⁻浓度的变化

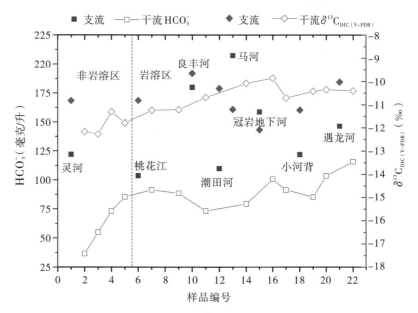

图4-7 漓江支流及干流δ¹³C_DIC、HCO₃⁻浓度的变化

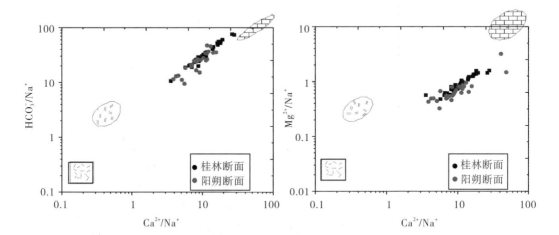

图4-8 Ca²⁺/Na⁺和HCO₃⁻/Na⁺，Ca²⁺/Na⁺和Mg²⁺/Na⁺三大盐岩类端元图

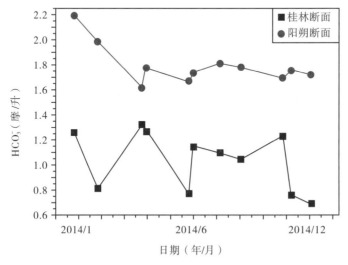

图4-9 桂林断面和阳朔断面HCO₃⁻动态变化特征

浓度明显高于桂林断面。主要是受到地质背景的固有影响：桂林断面以上流域以非岩溶区为主，桂林断面以下流域以岩溶区为主。桂林断面HCO$_3^-$质量浓度变幅明显大于阳朔断面，可能是桂林断面上游外源水进入岩溶区后，水岩气相互作用加强导致化学风化强度增大。阳朔断面的SIc和白云石饱和指数（SId）较桂林断面偏正。桂林断面SIc和SId年平均值分别为−2.15和−4.49，均未达到饱和状态，具有很强的侵蚀性，经过一段距离的水岩气相互作用，到达阳朔断面时SIc和SId平均值达到−0.38和−1.60（图4-10）（何若雪等，2017），这表明大量外源水补给岩溶区后，降低了岩溶水的饱和指数，增加了其溶蚀能力，但随着其在岩溶区运移距离的增大，饱和指数渐渐偏正，其溶蚀能力逐渐降低，饱和指数与溶蚀能力呈负相关关系。

通过水化学平衡法计算得出桂林断面全年总无机碳通量为7.42×10^7千克CO_2，阳朔断面全年总无机碳通量为27.9×10^7千克CO_2。去除外源酸因素（这部分碳通量会以碳源的方式重新返回大气中），由此得出：

$$C_{NSF} = 1/2 \times [HCO_{3\ 碳酸}^-] + [HCO_{3\ 硅酸}^-] \times Q \times M（CO_2）/M（HCO_3^-）$$

C_{NSF}为监测期内碳汇量（千克CO_2），$[HCO_{3\ 碳酸}^-]$为碳酸盐岩风化形成的HCO_3^-，$[HCO_{3\ 硅酸}^-]$为硅酸盐岩风化形成的HCO_3^-，Q为监测期内流量。则桂林断面净碳汇量约为5.78×10^7千克CO_2，碳酸盐岩风化所产生的无机碳通量为5.39×10^7千克CO_2/年，硅酸盐岩风化所产生的无机碳通量为0.39×10^7千克CO_2/年，分别占总通量的72.67％和5.21％；阳朔断面的净碳汇量约为25.2×10^7千克CO_2，碳酸盐岩和硅酸盐岩风化产生的无机碳通量分别为24.4×10^7千克CO_2/年和0.81×10^7千克CO_2/年，分别占总通量的87.51％和2.89％（表4-2）。随着岩溶区地表河补给距离的增加，碳酸盐岩风化所产生的无机碳通量不断增加，对总通量的贡献率也不断增加。

桂林断面以上流域为2762平方千米，桂林断面至阳朔断面流域为2823平方千米，计算得出，桂林断面以上流域碳汇强度为2.09×10^4千克CO_2/（千米^2·年），桂林断面至阳朔断面流域碳汇强度为8.92×10^4

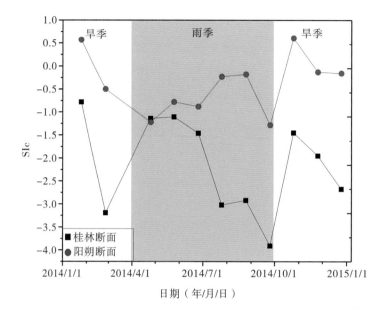

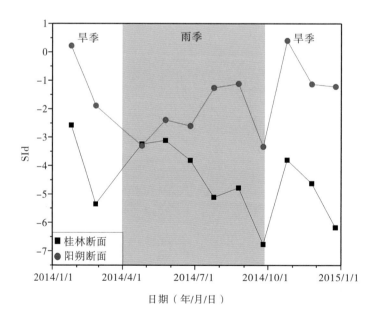

图4-10　监测期间两断面方解石及白云石饱和指数变化特征

千克CO_2/（千米^2·年）。两个断面流域面积相当，但碳汇强度相差近5倍。与孙平安等（2016）估算的上游大溶江碳通量结果（1.72×10^7千克CO_2/年）相比，漓江流域从上游至下游阳朔断面碳通量总共增加了15倍左右。除了沿途大气降水、支流补给、水生生物可能产生的有机碳埋藏等原因，外源水补给所形成的混合溶蚀作用对岩溶区无机碳通量的增加起着不可忽视的作用（何若雪等，2017）。

表4-2 研究区各组分产生的无机碳汇通量

断面	总通量（千克CO_2/年）	硅酸盐岩风化		碳酸盐岩风化		外源酸参与碳酸盐岩风化	
		碳通量（千克CO_2/年）	贡献率（%）	碳通量（千克CO_2/年）	贡献率（%）	碳通量（千克CO_2/年）	贡献率（%）
桂林	7.42×10^7	0.39×10^7	5.21	5.39×10^7	72.67	1.64×10^7	22.12
阳朔	27.9×10^7	0.81×10^7	2.89	24.4×10^7	87.51	2.68×10^7	9.60

2. 桃花江

桂林市区漓江东西两翼的支流分别为小东江和桃花江。桃花江位于桂林市西北部，发源于灵川县境内的中央岭东南侧，由北至南流经临桂、灵川入桂林，主流经象鼻山北麓汇入漓江，其干流长度为65.3千米，主要经过的地区有临桂、秀峰、象山等地（颜邦英，2002；胡素青，2013；侯琨等，2015）。桂林的漓江、桃花江、桂湖、榕湖、杉湖、木龙湖被巧妙地连通起来，合称为"两江四湖"。

（1）地理位置

桃花江又名阳江，位于桂林市西北部，是漓江的主要支流之一。干流全长约65千米，其中灵川境内长10.6千米。桃花江流域范围为北纬25°24′～25°32′，东经110°7′～110°17′。总流域面积为

321.9平方千米，其中灵川境内面积为119.23平方千米。桃花江发源于桂林临桂区五通镇与灵川县青狮潭乡交界的中央岭东南侧，由北向南经临桂区五通镇、庙岭镇后折向东流，于五仙坝转向北行，经灵川县定江镇与法源河、道光小溪汇合后，在水南村转向桂林市西边缘南流，后在牯牛山向东穿过市区，在南门桥下分流，主流东行象鼻山北麓汇入漓江，次流翻过红桥坝（坝顶海拔146.2米）沿宁远河南流，在雉山萝卜洲注入漓江。河宽45米，河底多淤泥，河道多弯曲，河面宽狭变化大，堰坝多，坡降极缓；支流有金陵水、法源河、社塘水、道光水（灵川县志，2013）。

（2）地质地貌概况

桃花江整个流域地形较为开阔，坡度较为平缓，自上而下呈低山、丘陵和岩溶峰丛地貌。桃花江上游为低山和丘陵，丘陵中夹杂分布一些农田，形成上游农林种植区；中游为岩溶峰丛地貌，岩溶洼地形成水体，峰林间的平地构成一幅田园风光，山水、田园以及岩洞构成了桃花江风景游览区主体；下游为市区。

桃花江上游以北为侵蚀剥蚀地貌，主要为第三系碎屑岩组成的中低山和缓丘，最高海拔为804.1米。上游以东大部地区为堆积地貌，一级阶地广泛分布，主要为第四系沉积物，其中下为砾层，中为不稳定砂土层，上为黏质或亚黏质土层。中游主要为溶蚀地貌，峰丛洼地发育，峰体海拔为300～500米，主要为泥盆系和石炭系灰岩、生物灰岩，夹杂白云岩。

流域内断层构造发育，较大的断层有芦笛岩断裂、灵川断层和双潭圩断层（表4-3）。受断裂构造影响，下游河段内岩溶发育，突出表现在以下4个方面。

①裂隙洞穴多。

②地下河分布广，较大的地下河有桂钢、黑山变电站以及芦笛岩地下河等。

③埋藏岩溶区钻孔遇洞率高，钻孔遇洞率达到50.7％，线洞率

6.9%。

④岩溶塌陷（主要为土体塌陷）十分发育，分布具有一定的方向性。其塌陷分布范围、密度与断裂构造展布、岩溶发育程度、地下水潜蚀作用、自然因素（地下水位季节性变化、地震、地表水渗漏等）和人为因素（开采地下水、震动、加载等）有关。峰丛易塌区主要分布在猴山至芦笛岩一带，峰林平原易塌区分布在埃山塘、桂钢、黑山等地。

表4-3　断裂构造特征表

断裂构造	构造特征
灵川断层	为桂林至柳州区域性大断裂组成部分。从临桂庙头经市区西北部至灵川，北东至南西向延展，其大部分为第四系覆盖
芦笛断裂	发育在黄村背斜轴部两侧，向北至丰西，向南经马面延展，断裂羽状排列，呈东北向
双潭圩断层	北起灵川双潭圩，向南经大江川、下南洲、蒋家岭、老人山西侧、飞凤山东侧，全长约8千米

（3）气象特征

桃花江流域属中亚热带季风气候区，具有水热丰富、雨热同季、四季分明的特点，夏季半年盛行偏南风，高温、高湿、多雨，冬季半年盛行偏北风，低温、干燥、少雨。多年平均气温为18.8摄氏度，年平均气温最高值为19.4摄氏度，最热月在7月，月平均气温为28.3摄氏度；年平均气温最低值为17.9摄氏度，全年无霜期达309天，多年平均日照时数为1600小时左右。流域降水充沛，年降水量为1939毫米，多集中在5～7月，约占全年降水量的1/2。流域多年平均蒸发量为1482.4毫米，平均相对湿度为75.8%。全年平均风速为2.57米/秒，最大年平均风速为3.4米/

秒，最小年平均风速为1.7米/秒。

（4）土壤

桃花江流域分布有砂页岩和石灰岩发育成的红壤、石灰性土、河流冲积土与水稻土。红壤广泛分布于上游低山丘陵地带，主要分布在海拔800米以下的低山、丘陵、谷地和台地，分为红壤土亚类、黄红壤土亚类与红壤性土亚类3种，土层厚度一般为1米，pH值为4.0～5.5，肥力中等，有机质含量为0.64%～3.2%；石灰性土主要分布在市区河段岩溶谷地，分为黑色石灰土亚类、棕色石灰土亚类和红色石灰土亚类3种，土中石砾含量较多，土层厚度变化较大，pH值为5.5～7.5，土壤肥沃，有机质含量较高；河流冲积土主要分布在河流沿岸，土层深厚肥沃，pH值为4.5～5.5，很多被开垦成水稻土。而在灰岩区，由于石山裸露较多，太阳辐射热强烈，岩石最高温度可达70摄氏度，加之土层浅薄、土质黏重、山峰陡峭、裂隙发育，石灰岩土壤保水能力很差。受母岩和气候影响，石灰岩经富铝氧化作用形成红壤，土壤呈酸性反应。但在石灰岩山上形成黑色石灰土，该土壤层次不明显，土色暗黑，富含钙质，有良好的团粒结构，有机质含量为6%～7%，肥力较高，pH值为6.5～8.0，呈中性或微碱性反应。在石山坡脚、坡面和石穴中形成褐色石灰土，土壤层次明显，土色以黄褐色为主，表层团粒结构不明显，有机质含量为3.5%～5.0%，肥力中等，pH值为6.0～7.0，呈微酸性至中性。

（5）水文地球化学特征

桃花江干流长约65千米，沿干流有乌金河（长5.5千米）、徐家村小溪（长1.5千米）和敦睦村小溪（长3千米），流域面积321.9平方千米。桃花江干流多年平均径流量为3.66×10^9立方米，最大流量为840米³/秒，最小流量为0.637米³/秒，年平均流量为11.6米³/秒（表4-4）（曾方全等，2016）。

表4-4 桃花江不同断面的最枯月平均流量计流速

断面	汇水面积（平方千米）	最枯月平均流量（米³/秒）	水深（米）	断面宽度（米）	横截面积（平方米）	设计流速（米/秒）
漓江桂林水文站断面	2762	8.71	—	—	—	—
桃花江入漓江断面	322	1.01	—	—	—	—
南门桥	310	0.98	2.8	35	98	0.0100
铁路桥	300	0.95	3.5	32	112	0.0085
胜利桥	290	0.92	3.3	36	118	0.0078
飞鸾	275	0.89	2.1	63	132	0.0070
伍仙	170	0.55	1.1	40	44	0.0130

桃花江流经市区19.4千米，自五仙坝到雉山桥椴木河床坡降0.44‰，枯水水面比降0.043‰，洪水水面比降0.03‰。枯水期河宽40～50米，水深2～4米，此时西南侧支流基本断流，河水由象山流入漓江。丰水期河槽宽度50～60米，飞鸾桥最宽达71米。

桃花江沿岸河堤很低，枯水水面至河岸的距离为2～3米，胜利桥断面最高也仅4米。河道弯曲度大，沿河桥坝多，五仙坝以下河道有桥坝28座，严重阻塞河道，使枯水水面成梯级状，并影响河道行洪能力。流域上游沿岸共有6座水库，其中中型1座、小一型4座、小二型1座，总控制面积为35.45平方千米，占流域面积的12%（王岳川，2006）。

流域地下水资源赋存于广大的岩溶含水系统以及两岸阶地沙砾孔

隙含水层中。根据地下水贮存条件及水力性质，地下水可分为基岩裂隙
水、松散岩类孔隙水和碳酸盐岩岩溶水三大类。在峰丛补给区地下水畅
补畅排为无压流，而在峰林平原区为微压流。地下径流具有多层性，分
为地下水季节变动带（水位变幅5～20米）、水平径流带（饱水带，含
水层厚约50米）和深部缓流带（含水层厚40～50米）。其中以季节变动
带和水平径流带为主（王岳川，2006）。

　　地下水补给来源主要为大气降水，约占补给水量的93%，其次是
非岩溶区的侧向补给、渠道和农田灌溉入渗补给。其径流大体上自东、
西两侧峰丛山区向漓江河谷汇集。排泄方式大致可以分为人工开采和
天然排泄两种。流域地下水在未受污染或污染轻微的状态下是无色、透
明、无味、无臭，水温18～22摄氏度，悬浮物很少，pH值为6.8～7.5，
总硬度为7.5～13德国度，矿化度为150～350毫克/升，钙含量为30～90
毫克/升，镁含量为0.6～14毫克/升，钾、钠离子含量小于20毫克/升，
重碳酸根离子为48～355毫克/升，氯离子小于20毫克/升。水化学类型
主要为重碳酸钙型，不含或极少含有毒物质。除了细菌、大肠杆菌、总
硬度较高，以及亚硝酸盐氮、硫化物偶尔检出或超标，其他各种指标均
符合《生活饮用水卫生标准》（GB 5749—2006）和《工农业用水水质
标准》。然而，随着经济社会的发展，人口的增加，地下水已受到不同
类型和不同程度的污染，酚、铁、锰、氯、砷、铬、亚硝酸盐氮出现超
标，其中砷、铬、酚等毒性物质含量还不断增加（王岳川，2006）。

　　对降水过程中桃花江氨氮和总磷两项指标进行监测，结果表明桂
林市桃花江水质受降雨径流污染较为严重。尤其是径流形成初期，在各
取样点上氨氮、总磷浓度最大值分别为4.565毫克/升和0.615毫克/升
（图4-11），分别超出地表Ⅲ类水标准4.6倍和3.1倍，超出水体富营养
化标准22.8倍和30.8倍，水体富营养化趋势明显（刘辉等，2006）。

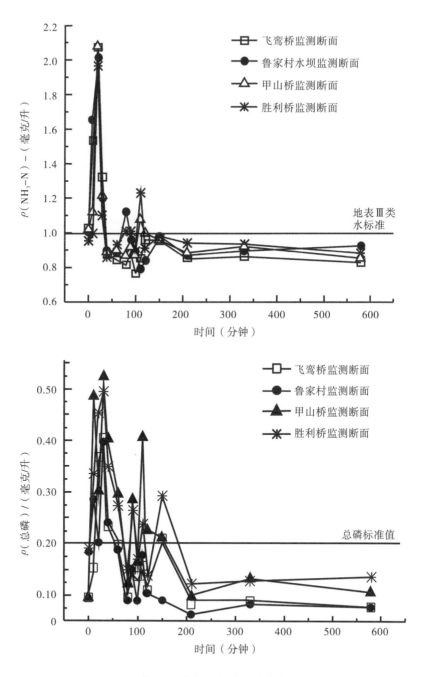

图4-11 降雨过程中氨氮（左）和总磷（右）的变化

3. 小东江

小东江贯穿市区，是漓江在桂林市区内的一条汊河，江面宽50～60米，在叠彩山对岸的漓江左岸与漓江分叉，与漓江平行由北向南流经桂林民俗风情园、花桥、七星公园，在七星公园门前有灵剑溪汇入，随后流经龙隐洞、桂海碑林、塔山及穿山公园，在穿山公园下游800米处汇入漓江，全长5.8千米（图4-12）（南江江，2010；黎运棻和黎嘉宁，2011；周鸿彬，2015）。小东江贯穿七星公园，灵剑溪自东北向西环绕七星公园汇入小东江流域，而小东江从北向南经新桥（栖霞桥）、花桥、龙隐桥而包围七星公园（刘云霞和陈晶晶，2010）。

20世纪20年代末，由于周围工业污水和城市生活污水、垃圾的影响，灵剑溪流域污水臭气冲天、垃圾漂浮，灵剑溪自东北向西环绕公园汇入小东江流域，小东江河床内淤泥堆集，浮萍滋长，使小东江被严重污染，水体发黑、发臭，鱼虾绝迹，不仅影响周围群众身体健康，也严重影响七星公园、穿山公园的景观欣赏以及漓江的美景。桂林市环境保护局、桂林市规划局、桂林市水利局、桂林市城市管理委员会等有关部门于2010年共同开展治污、引水、护岸、清淤、截污、垃圾处理、生态景观整治等综合整治工程，并在1年时间内恢复了其清秀的容颜，小东江水质和沿岸生态景观大为改善，促使小东江流域生态系统步入良性循环，并将惠济桥、新桥、花桥、龙隐桥四桥连通直航，游船可以从惠济桥直达穿山公园，使小东江成为"两江四湖"水上旅游的二环通道（梁亮，2010）。

4. 遇龙河

（1）地理位置

遇龙河景区属于亚热带岩溶地貌景观（孙九霞和保继刚，2005），位于桂林东南部，距离桂林市50千米。景区距离机场约60千米，321国道直达，距离最近的高速公路（白沙站）出入口约1千米，距离最近的

图4-12 桂林小东江

高铁站（兴坪站）约25千米，交通十分便利。

遇龙河发源于临桂县，是漓江在阳朔境内最长的一条支流。阳朔属于典型的岩溶地貌，群山峻岭，连绵起伏，一个个独立的山峰拔地而起。桂林—阳朔地貌形态由峰林变化为峰丛，呈现出典型的峰丛—峰林—孤峰岩溶地貌。遇龙河，古名安乐水，因中游有著名的遇龙桥而改名为"遇龙河"，全长43.5千米，流域面积158.47平方千米。其上游有古桂柳运河支流等河流，之后流经阳朔县的金宝、葡萄、白沙、阳朔、高田等5个乡镇、20多个村庄，有28道堰坝、百余处景点，在大榕树附近的工农桥与金宝河汇合成田家河，由书童山入漓江（刘宪标，2006；邱启照，2013）。

"遇龙河是世界上一流的人类共有的自然遗产"，沿途山形灵巧秀丽，水流平缓，村落密布，古迹众多，最具恬静幽雅之美。整个遇龙河景区，没有现代化建筑，没有人工雕琢痕迹，没有都市喧嚣，一切都是原始、自然、古朴、纯净的，实为桂林地区最大的自然山水园地（刘宪标，2006）。遇龙河上有大大小小的石桥、木桥，还有河中的28道滩，河畔引水灌田的竹筒水车，岸边古榕掩映的农庄，庄旁石阶上荡衣的村姑，河边垂钓的老翁，碧潭上嬉戏的鸭群和光腚的玩童，村舍间袅袅的炊烟，构成了一幅充满乡土风情的油画。"天平绿洲""情侣相拥""平湖倒影""夏棠胜境""双流古渡""梦幻河谷"等景点，让人仿佛进入天人合一的诗意境界和返璞归真的自由天地。

（2）地质地貌

遇龙河是一个岩溶向斜谷地，河沿着向斜轴部发源。向斜谷地或向斜盆地是褶皱构造中岩层向下凹曲的低地部分，具有良好的储水构造，且褶皱越开阔，谷地越开阔（陶琦，2016a）。

遇龙河峰林地质公园地处葡萄、白沙、高田及阳朔四镇的接合部，面积为144.2平方千米，以纯岩溶地貌为主，有峰林平原、峰丛洼地、岩溶洞穴、向斜谷地、岩溶水体景观和溶潭等六大类型（陶琦，2016a），整体成带状展布。公园西接驾桥岭，东与漓江国家级风景名胜区和桂林世界自然遗产地相伴（农晓春等，2015）。遇龙河峰林地质公园岩溶峰丛、峰林共存，是一种典型的岩溶地貌发育模式，地表水和地下河成为一体，岩溶洞穴发育形态多样、成因复杂。区内有多种古石器、古建筑等，形成了集岩溶自然景观与人文景观于一体的山水景区。地质公园景观资源丰富，主要分布在葡萄峰林景区、世外桃源景区、遇龙河峰丛景区（农晓春等，2015），以峰林地质遗迹为特色，峰体形态有塔状、锥状、柱状、螺旋状、单斜状、圆丘状、马鞍状等，可称得上"遇龙河流域峰林甲天下"，与川、渝、贵的峰林景观资源相比，在规模、形态、种类上均略胜一筹（图4-13、表4-5）。

图4-13 遇龙河峰林平原

遇龙河峰林地质公园不仅反映了一种典型岩溶演化成因机制，也反映了不同地质历史阶段古地理、古气候、新构造运动等环境面貌特征，在岩溶地貌学、洞穴学、水文学、构造学、岩石学等方面都具有重要的科学研究价值，可开展全球古气候、古环境、古生态变化等方面的研究。千姿百态的石峰、众多的洞穴、各种地表水体的岩溶自然景观和人文古建筑景观，具有很高的观赏价值和历史价值（农晓春等，2015），吸引着崇尚亲近自然的游客。

表4-5　遇龙河峰林地质公园自然和人文景观

类别	类型	分类及实例
自然岩溶景观	峰林平原	铁厂塔状石峰
		枣木树锥状石峰
		桂洞柱状石峰
		下葛螺旋状石峰
		仁和单斜状石峰
		仁和圆丘状石峰
		大村马鞍状石峰
	峰丛洼地	遇龙河下游峰丛洼地
	岩溶洞穴	大村脚洞
		燕子岩伏流洞穴、东京岩伏流洞穴
		月亮山穿洞、翠屏弧形穿洞、海豚山穿洞、穿山岩
		聚龙潭、大岩、金水岩地下河
	遇龙河向斜谷地	
	雁山断层丘岭	
	遇龙河（水域）风光	
	象形山石——海豚山、月亮山、骆驼过江、小象峰	
人文古建筑景观	古桥——遇龙桥、富里桥、仙桂桥	
	古村落——龙潭古村	

（3）水文特征

遇龙河主河段是指白沙世外桃源至大榕树工农桥段，长约16千米，两岸绿野平坦，不但能看到山水美景，还可以看到古色古香的村落，造型各异的小桥，别有韵味的水车，山、水、竹、草、桥梁和谐共处，一派田园风光，是阳朔县重点文物古迹和田园山水风景所在地（陶琦，2016a）。遇龙河谷地长约30千米。遇龙河宽38～61米，深0.5～2米，多年平均流量约5米³/秒。河中筑有28道水坝，但不通航，修建水坝的初衷是为了截水灌溉两边的农田，如今变成了一个个"音符"，给游船带来一个个小高潮。夏季，遇龙河水较深，有3～5米，游船经过大多数的坝时一冲而下，有的坝高达四五米，冲坝时有惊无险（陶琦，2016a）。

（4）岩溶自然景观

遇龙河汇集了山水交融的岩溶地貌，美不胜收的田园风光，天人合一的诗意境界，悠久深厚的文化底蕴，四季宜人的亚热带季风气候（孙九霞和保继刚，2005）。遇龙河河道蜿蜒蜒蜒，穿过古老的遇龙桥，撞过道道滩头，千回百转，一路田园牧歌，得叠翠的群山拥抱。遇龙河水质清澈，水草如带，鱼翔浅底；两岸桃红柳绿，山峰千奇百怪，田园村舍幽静自然。遇龙河，好山好水，空气清新，号称"小漓江"，其美景丝毫不逊于漓江山水（图4-14）（盛雪，2012）。国内外专家一致认为阳朔县遇龙河是世界上一流的人类共有的自然遗产。有"小漓江"之称的遇龙河蜿蜒向东流去，注入漓江，静止的山峰远近高低，各有不同，呈现浓淡不一的青黛色，如诗似画，让人陶醉。遇龙河景色四季各异，晴雨不同，一天内有三看，中午山光水色佳，晚看炊烟朝看霞（陶琦，2016b）。

十里画廊位于月亮山旅游风景区内遇龙河两岸5000米范围内，是阳朔岩溶风光最为典型和集中的地方。十里画廊在阳朔县向北通往银子岩的路上，北起图腾古道，南至月亮山，沿路奇峰林立，田园如诗；沿程有蝴蝶泉、大榕树、聚龙潭、月亮山等景点。沿途的山峰峭壁垂直，远看是一个较宽而平的面，近看却有些突起，是个攀岩的绝好地方。

图4-14　阳朔遇龙河

攀岩场中以蝴蝶泉、月亮山洞、羊角山峰、穿岩峰、金猫出洞山等最为著名（陶琦，2016b）。蝴蝶泉景区地貌奇特，峭壁林立，干净而坚固；遇龙河两岸月亮山周边一带，都可见如盆景般的岩溶山峰（陶琦，2016b）。大榕树上有许多似藤的气根，扎于地下形成枝干。聚龙潭是阳朔境内唯一可兼水陆游览的溶洞，潭底连通的暗流直通阳朔白鹤山下的深潭汇入漓江（陶琦，2016b）。月亮山，灰黑的顶部山峰中部有一穿洞，为高20多米、跨度30多米的巨大拱形孔，形似圆月，人从山下仰望，可见穿洞酷似天上明月高挂，故名月亮山（图4-15），又称明月峰。它属于动感景观，适合远观，月洞最初是地下洞道的一部分，后洞道坍塌，顶部仅剩一部分，洞道仅余拱孔，形成天生桥，又因地形抬起，桥拱洞被抬高，形成月洞景观（陶琦，2016b）。

图4-15　月亮山

二、地下水

1. 冠岩地下河

地下河不仅对岩溶区社会生产生活有着非常重要的作用，而且在地下造就了一个瑰丽神秘的"水世界"；隐秘的河流在地下四处延伸，偶尔露出地面就创造出了"飞来湖""天窗"等种种岩溶奇观。而在千万年来与人类相伴而生的过程中，地下河又渗入到人类生活的方方面面，承载了众多深厚的历史文化（朱千华，2018）。

（1）地理位置

冠岩位于桂林市南29千米，漓江东岸的草坪乡，是一个毗邻漓江的巨型地下河洞穴。冠岩因其山形如帝王的紫金冠而得名，是一个巨型的地下河洞穴，全长12千米，地下河出口海拔126米，内部是一个神秘莫测的地下世界（图4-16）。开发的冠岩地下河游览区使地表河与地下河游览交错进行，是一个"兼山水之奇"的境界，可领略桂林山水"两个世界"——地表世界与地下世界的奇姿异彩。

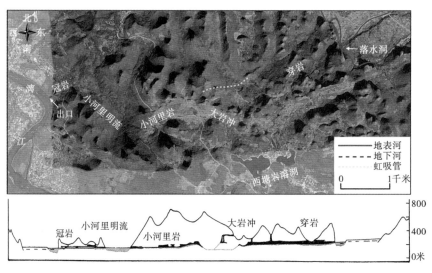

图4-16　冠岩地下河平剖面图

（2）地质构造特征

冠岩是一个具有千年人文历史的地下溶洞。早在1637年，徐霞客就成为冠岩第一个探洞人，在《徐霞客游记》中详细记载了冠岩。明代蔡文有诗描述冠岩："洞府深深映水开，幽花怪石白云堆。中有一脉清流出，不识源从何处来。"人类对自然有孜孜不倦的探索精神，1985年中英联合洞穴探险队探索冠岩地下河的"来龙去脉"。冠岩地下河系位于著名的桂林岩溶峰丛山区，是桂林附近峰丛洼地地区最大的地下河，上游地面位于砂页岩、火成岩分布的海洋山区，地下河自东向西排泄，于漓江东岸草坪冠岩流出汇入漓江（岩溶洞穴探险队，1986；朱学稳，1988）。漓江发育于冠岩以北的地堑之中，冠岩以南的漓江流动于盆地内最高的峰丛山地中，冠岩以南的活动断裂带为漓江的发育提供了十分有利的条件（陈治平等，1980）。冠岩地下河发源于海洋山，流到灵川县南圩时，遁于一座大山之下，成为地下河。南圩那座大山有上、中、下3层洞穴，上洞是一椭圆形的大型穿岩，比阳朔月亮山、桂林穿山月岩更大、更美，而下洞就是冠岩地下河入口。在区域构造上，冠岩位于桂林弧形构造带，两条近南北向压扭性断层穿越冠岩，构造破碎带宽度达数米（林玉山等，2007）。

冠岩实测长度为3827.6米，通道宽8～15米，最宽53.3米；高10～25米，最高达50.6米。整个通道系统平面投影面积4.057×10^4平方米，是桂林地区空间规模最大的洞穴系统之一，内部空间相当大（张任，1999）。冠岩的层楼状空间结构特征十分突出，分上、中、下3层水平通道；最高一层长49.9米，高出第二层通道11米，由于形成年代最早，几乎已被后期崩塌作用破坏殆尽，现仅在吊岩通道与石盾通道交接处上部有部分残存；第二层干洞长2351.2米，洞穴的包气带特征突出，横断面以似三角形为主，崩塌现象显著，次生化学沉积物分布较为集中，以大型棕榈状石笋和流石坝为其特色，高于下层水洞20米左右；第三层为现代地下河所占据，长1426.5米，多跌水陡坎和急流深潭，纵断面表现为具自由水面廊道与全充水虹吸管道相间分布的形式，部分洞段顶板塌穿，与上层洞穴构成规模宏大的洞穴厅堂，高度超过50米（张任，1999；林玉山等，2007）。各层水平通道在平面上时而平行、时而交错、时而重叠，并在多处以竖井和崩塌大厅相互连接，加上诸多分支通道与环形通道，使得冠岩成为桂林地区最为复杂的大型洞穴系统（张任，1999）。

（3）水文地质特征

冠岩地下河位于灵川潮田和桂林草坪境内，源自灵川县海洋山麓四源一带来华岭碎屑岩地区，自灵川县南圩坪山谷地穿岩伏流入口潜入地下，至小河里岩流出地表，明流700米后复没入地下，最后自冠岩口排入漓江，进出口总落差为130米，出口平水期及枯水期流量分别为4.16米³/秒和0.42米³/秒，水道平均坡降约为18.5‰，流域面积约80平方千米（图4-16至图4-18）（朱学稳，1988；张任，1999）。冠岩地下河洞穴系统发育在中、下泥盆统灰岩地层中，岩层产状较为平缓，倾角为10°～20°（张任，1999）。

冠岩溶洞内地形十分复杂，洞壁陡峭，常出现反坡，大面积洞顶，临空面多、悬空高度大（林玉山等，2007）。冠岩地下河自上游至下游可划分为穿岩、小河里岩及冠岩3段（岩溶洞穴探险队，1986），各段洞穴形态特征不一。进口段为峡谷式廊道，沿程有芭蕉岩、牛屎冲上透天光的竖井式天窗，其以下为虹吸管管道。下段自小河里明流段再度伏入地下起具双层结构，上层有安吉岩洞穴，有4处天窗，为矩形洞穴，底部多处与下层相通；下层为现代地下洞道，有大量砾石堆积，断面宽窄高低多变，河床岩面上到处可见磨蚀而成的杯穴（朱学稳，1988）。

南圩坪山谷地段：谷地接受大量来自碎屑岩分布区的外源水，形成3条地表小河，以伏流形式补给冠岩地下河洞穴（王玉北和陈志龙，2010）。

穿岩段：从伏流入口至牛屎冲竖井，总长度为3860米，为峡谷状地下河洞穴。通道高一般在20米以上，最高处达60米，宽度10～30米。洞底有大量砾石，有两处较大的崩塌堆积体。在牛屎冲竖井的下游，地下

图4-17　冠岩地下河洞口

图4-18　冠岩地下洞穴水流

河成为虹吸管。1985年，中英联合洞穴探险队对该虹吸管做潜水探测，探测长度为250米，垂直下降深度为35米（王玉北和陈志龙，2010）。

大岩冲段：为一孤立的高位洞穴，长900米，洞口高悬，上层洞道为横向洞穴，而后沿一垂深为110米的竖井进入下部通道最后一个现今仍在活动的虹吸管道所造成的水潭之中（王玉北和陈志龙，2010）。

小河里岩段：冠岩地下河在牛屎冲处潜伏3千米后在小河里岩入口处以深虹吸管形式出现，被潜水探测的长度为110米，垂直下降的深度为46米。小河里岩内有一系列的深水水潭和较大的厅堂，全长为2840米（王玉北和陈志龙，2010）。

小河里明流段：又被称为小河里天窗，底部为冠岩洞，长700米，流入冠岩—安吉岩洞穴（王玉北和陈志龙，2010）。

冠岩—安吉岩段：为冠岩地下河下游段，由上层旱洞安吉岩和下层水洞冠岩组成，总长为3827.3米，其中旱洞长2401.1米，可游览长度为1724.8米；水洞长1426.5米，可游览长度为892.8米。旱洞一般宽8～15米、高10～25米。最大厅堂为棕榈树大厅，高50.6米、宽53.3米。水洞宽6～25米、高5～9米，水深1.5～6米（王玉北和陈志龙，2010）。冠岩地下河安吉岩段右侧开有引水隧洞，将部分地下河水引出灌溉漓江东岸草坪阶地上的农田。

漓江谷地的充填过程对地下水系的演变也有很大的影响，冠岩伏流及与其有成因关系的一些岩溶地质现象，可提供冠岩周围岩溶地貌和洞穴发育、水文变迁、第四纪沉积作用等多方面的信息（图4-16）（陈治平等，1980；朱学稳，1988）。冠岩伏流形成过程：伏流进口东邻海洋山大片非岩溶山区，有大量的外源水流入，坡立谷形成的同时也有丰富的碎屑物质沉积，随着漓江河谷下切，坡立谷所在位置与地区排水基准面高差日益增大，冠岩伏流便逐渐形成（朱学稳，1988）。冠岩伏流的进出口洞穴均呈多层式，进口有上、中、下3层，相差逾70米；出口有上、下2层，相差约30米。由此可知，冠岩有多阶段的发育史，且其发育可能处于东部地壳上升幅度大于西部的掀斜式上升区（朱学稳，1988）。南圩坡立谷中的谷中谷的形成过程：在冠岩伏流形成过程中，进口由于岩壁的大规模崩塌堵塞，晚更新世坡立谷进入沉积时期；全新世以后以东部海洋山为中心的地面抬升，西流水道的水力坡度增大，伏流入口处堵塞崩积物被逐步冲开，坡立谷中的前期堆积物被洪水大量带走，形成了坡立谷中的谷中谷和存在两岸台地的景象（朱学稳，1988）。在西塘湖下游1.25千米处，地下河出露，水面高程在130米以下，比西塘湖面低100米。它与西塘之间的岩性有显著差别，靠近西塘一侧为上泥盆系夹白云岩的灰岩，靠近地下河出露段一侧的岩层属中泥盆系东岗岭阶，为白云岩、灰岩和泥质灰岩（陈治平等，1980）。由于岩性的差异以及漓江谷地的充填，南圩坡立谷和冠岩伏流之间的西塘洼地潴水成为岩溶湖，水面高程约230米，西塘湖沉积物与南圩坡立谷有类似的沉积层，其沉积物标高较低，推测是由冠岩伏流携入，由于后期伏流的水力坡度增大，地下河道取直北移而被遗弃形成区内峰丛山地中唯一的天然湖泊——西塘（陈治平等，1980；朱学稳，1988）。

2. 丫吉岩溶泉

（1）地理位置及地质特征

丫吉岩溶泉位于广西壮族自治区桂林市东南郊约8千米的丫吉村附近，在该村东南约1千米处为峰丛洼地与桂林峰林平原的交界地带（图2-15，图4-19），地理坐标为北纬25°14′52.67″，东经110°22′32.76″。在区域上，丫吉岩溶泉位于桂林峰林平原与黄沙河之间一条南北向的山脉（尧山小背斜）之南段，尧山出露中泥盆统砂岩和页岩，场区北部出露中泥盆统上部东岗岭组灰岩、白云岩和上泥盆统下部桂林组灰岩、白云岩；主干断裂位于场区西部山边，为北北东向的压扭性断层，倾向东，倾角40°～50°（图4-19）（龚晓萍，2016修）。丫吉岩溶泉域全部属于峰丛洼地地貌，场地内包含10多个大小不一的洼地，其洼地底部标高250～400米，最高峰丛标高达652米，而两侧的平原地面标高仅为150米左右（袁道先，1996）。

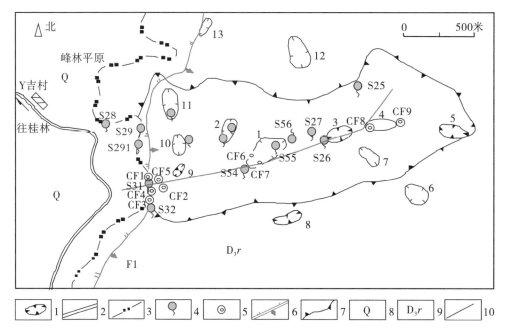

1.洼地及其编号；2.公路；3.峰丛洼地及峰林平原边界线；4.岩溶泉及其编号；5.钻孔及其编号；
6.断层；7.泉域边界；8.第四纪沉积物；9.上泥盆统融县组石灰岩；10.S31泉水文地质剖面

图4-19　丫吉试验场平面图

（2）气象和水文特征

原国家地质矿产部与法国国家科研中心于1984年6月在成都签署了
《关于开展地学科技合作会谈纪要》，计划在桂林建立岩溶水文地质试
验场，用定量的方法研究岩溶介质的水流过程。我国南方岩溶区广泛分
布着峰丛洼地和峰林平原两大类地貌，其中峰丛洼地地貌在南方的分布
面积占整个岩溶区的90%，存储水资源的空间是经过地质演化历史形成
的裂隙、溶蚀裂隙、管道和洞穴，岩溶水的流动分为分散式的渗流和集
中的管道流，具有特殊性。丫吉岩溶泉域具有峰丛洼地和峰林平原两种
地貌，其中峰丛洼地地区包含4个岩溶水文系统；降雨在峰丛洼地地区
补给岩溶含水层，通过泉水排泄，代表了岩溶水在岩溶含水介质中的一
个循环周期（图4-19）。丫吉岩溶泉域全部由泥盆系融县组灰岩构成，
无隔水层，无外源水，包气带厚度约100米，岩溶发育强烈，表层岩溶
水丰富，且具有管道流特征，完全体现了岩溶含水介质的调蓄功能，具

有鲜明的特色。1986年3月7日，中国与法国双方签署《中国地质科学院岩溶地质研究所与法国蒙彼利埃科技大学水文地质实验室关于中国桂林岩溶水文地质的研究项目议定书》，中国地质科学院岩溶地质研究所选址桂林丫吉村峰丛洼地处建立试验场。

丫吉试验场为典型的岩溶峰丛洼地区，整个试验场为一个独立的水文系统，主要受降雨补给而无任何外源水流入，总面积为2平方千米。场区内出露岩石以上泥盆统融县组（D_3r）上部的灰岩为主，主要岩石成分为浅灰色至灰白色致密质中厚层状泥亮晶颗粒灰岩，地层产状总体上倾向南，倾角较平缓，为5°～10°，局部地段受断裂影响岩层倾角可能较陡，可达30°～50°（常勇，2011）。场区气象特征与地区性气候变化一致，湿度和气温的昼夜变化不大，湿度日变幅不超过35%，气温日变幅不超过8摄氏度。

丫吉试验场第四纪地层主要是残坡积层，以灰褐色、褐黄色砂质黏土为主（袁道先，1996），它们对岩溶区包气带水的运动机制，岩溶作用和岩溶水化学成分的形成具有重要意义。场区内土壤主要为棕色石灰土，部分地段含腐殖质较多而成褐灰色，大部分土壤分布于垭口和洼地底部（袁道先，1996）。

丫吉试验场上泥盆统融县组灰岩岩溶含水层是最主要的含水层，富水性不均，地下水主要在各种溶蚀裂隙、溶洞或管道中贮存和运动。降水为区内地下水的唯一补给来源，通过洼地、落水洞、溶蚀裂隙等途径补给岩溶水文系统，地下水基本流向为自西向东。峰丛洼地与峰林平原地形高差约500米，形成了100～500米的包气带（平原面—峰顶），巨厚的包气带对岩溶水的分布、运动及赋存的时空分布特征有重要影响（龚晓萍，2016）。

丫吉试验场中地下水运动主要受北北东向压扭性断裂F1的控制（图4-21），该断裂倾向东，倾角为40°～50°，断层处可明显见角砾岩中角砾沿北北东方向排列。该断裂位于S31泉附近，在山边向北延伸出本场区，继续向尧山方向展布，与F1压扭性主干断裂配套的为北西西向及北东东向两组张扭性节理裂隙。（袁道先，1996）这一主干断裂控制着场区内岩溶发育以及岩溶水的贮存和运动：①北北东向张扭性裂隙主要控制着本场区岩溶发育方向和部分洼地的分布方向，场区内最大的溶洞——硝盐洞就沿北东东向展布，场区内1号、3号和4号洼地也呈北北东向串珠状分布，而部分山边小洼地，例如9号、10号洼地主要受北东东向主干断裂的影响；②场区内示踪试验结果显示场区地下水的流向也主要由北东东向南西西，主要受北东东向张扭性裂隙控制；③场区内的几个主要泉点（S29、S291和S31）均沿北北东向主断裂带分布，这几个主要泉点的出露主要是F1断裂横向阻水性导致（龚晓萍，2016）。

丫吉岩溶泉域在亚热带湿热的气候条件及有利的岩性、构造和植被条件下，岩溶相当发育。可见各种小的地表岩溶形态（如溶盘、溶痕、溶沟、溶蚀裂隙等）、大的地表岩溶形态（峰丛洼地、峰林平原）和地下岩溶形态（溶洞、地下河管道、隐伏溶洞、竖井等）。这些地表形态和地下形态极大地影响着该泉域岩溶水文系统的运行机制；该泉域介质富水性极不均匀，含水介质主要表现为裂隙管道型，地下水主要在各种溶蚀裂隙或管道中运动，整体上丫吉试验场内泉流量和水化学对降雨响应迅速（袁道先，1996；龚晓萍，2016）。场区内表层岩溶带发育，据部分钻孔揭露，表层岩溶带溶蚀裂隙发育深度为3～10米，洼地内存在若干个表层岩溶泉，部分表层岩溶泉仅在暴雨条件下出露（袁道先，1996；龚晓萍，2016）。

场区内最主要的含水层是上泥盆统融县组灰岩岩溶含水层，其富水性极不均匀，地下水主要在各种溶蚀裂隙或管道中运动，地下水运动和储存主要受构造控制。场区地下水主要由降雨补给，降雨入渗系数约0.37，含水介质表现为裂隙管道型，地下水总体上由东向西流。场区内泉水众多，主要可以分为季节变动带或饱水带泉、包气带泉（表4-6）（袁道先，1996），其水量、水化学特征均有差别（常勇，2011）。丫吉试验场岩溶发育在较老的地层中，岩溶形态发育且泉流量对降雨响应迅速，总体上丫吉试验场岩溶含水系统属于典型的成熟型岩溶含水系统。

表4-6 丫吉岩溶泉分类

类型	出露位置	亚类		代表性泉水
季节变动带 或饱水带泉	平原边缘	常流泉		S31
		季节泉		S29、S291、S32
包气带泉	峰丛洼地区	表层岩溶带	常流泉	S55、S57
			季节泉	S53、S54、S56

因地质构造控制与岩溶条件发育不同，根据水化学与水动态的差别及示踪试验的结果，可将场区划分为4个主要的岩溶子系统：11号洼地—S29泉域子系统、2号洼地—S291泉域子系统、S32泉域子系统、1号洼地—S31泉域子系统（龚晓萍，2016）（图2-15，图4-19）。

在4个泉中，S31泉为常流泉，仅在特别干旱年份才会出现断流，其他3个泉均为间歇性泉，在枯水季断流（常勇，2015）。S31泉主要接受1号、3号和4号洼地的补给，3号和4号洼地底部高程高于1号洼地底部约50米；1号洼地范围内出露S53、S54和S56间歇性表层岩溶泉。

S31泉域子系统控制面积达1平方千米，为最主要子系统，以管道流为主，与裂隙中的扩散流相组合，其流域范围内表层岩溶带极其发育，包气带调蓄功能差。泉域内每个补给洼地底部均存在若干个落水洞用于快速排泄洼地内部的地下水，在S31泉域底部应存在一根主管道用于连接S31泉与洼地底部落水洞，各洼地直接与S31泉连接，在降雨条件下将洼地内地下水通过S31泉快速排泄（图4-20）。因此，S31泉对降雨反应灵敏，流量变化为0.1～7000升/秒（龚晓萍，2016）。

S32泉主要接受5号洼地的补给；S29泉主要接受2号和10号洼地的补给。S291泉主要接受11号洼地的补给（常勇，2015）。一般情况下，场区内各子泉域水动力场、水化学场相互独立，各子泉域之间基本无水量交换，但在特大暴雨时，各子泉域可能与周边区域或其他子泉域之间存在一定的水量交换（常勇，2015）。

丫吉岩溶泉域最大的溶洞是硝盐洞（S52，图4-21），为一向山内倾斜（向东倾）厅堂式溶洞，洞口标高197.55米，洞长100米、宽25

米。从洞内钙板、沉积物、边石坝、石笋的相关关系看，该洞经历了溶
蚀、钙板沉积、水塘淹没和水下沉积、水塘疏干、再溶蚀、再沉积等复
杂的发育历史，而且洞底标高高于峰林平原面45.6米，是一个比较古老
的溶洞（袁道先，1996）。

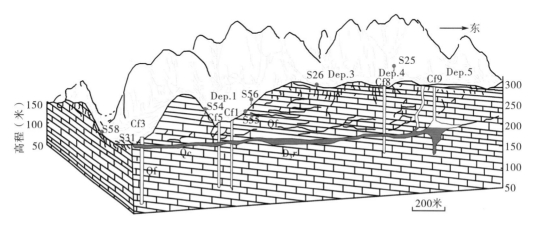

Qc. 管道流；Qf. 裂隙流；S58. 泉及编号；Cf3. 钻孔及编号；Dep.1. 洼地及编号

图4-20　S31泉子系统剖面图

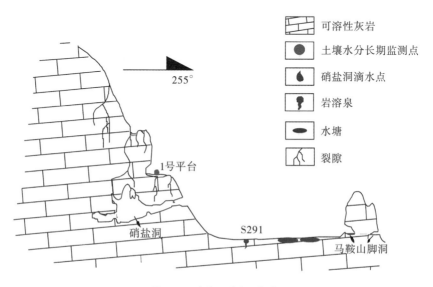

图4-21　硝盐洞剖面示意图

（3）科学研究进展

丫吉试验场作为国土资源部野外基地，自建立后一直吸引着国内外岩溶学者的兴趣，很多学者、研究生在此开展科学研究，曾先后承担了来自联合国教育、科学及文化组织国际地球科学计划（IGCP），国土资源部、国家自然科学基金委员会和科技部等部门的多项重要科研项目的部分研究工作，取得一系列的开拓性成果，例如，岩溶表层水文系统的降雨—蒸散—补给—径流概念模型，岩溶地区蒸散作用的控制因素及测量、计算方法，表层岩溶带的静态存储能力，丫吉模型及其改进，岩溶作用对土壤CO_2变化或土地利用变化的敏感性，水—岩—气相互作用引起的暴雨期间水化学动态变化等。此外，随着野外观测仪器的更新、设备的改造，以及与国内外相关单位合作，丫吉试验场监测系统逐渐完善，针对不同的水文地质条件（表4-6），在此岩溶泉域全面建立监测站，覆盖整个岩溶水文系统（图4-22）。

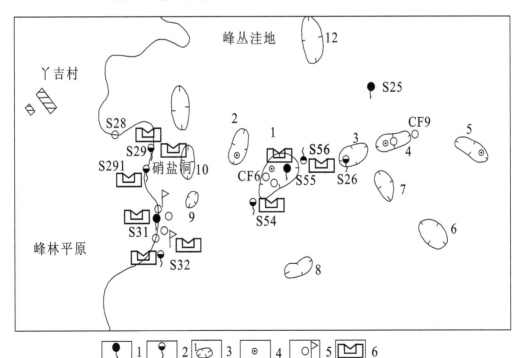

图4-22　丫吉试验场观测点分布图

20世纪80～90年代，进行了岩溶含水介质结构、水动力场、水化学场、水温度场、同位素场等的特征研究，降水对岩溶系统的补给及系统内部的地下水调蓄功能的研究，岩溶地球化学开放系统特征的研究，建立了中国南方裸露区岩溶峰丛区的岩溶水文地质代表性物理模式及相应的数学模型，并推广应用和进行可行性研究（袁道先，1996）。陶于祥等（1998）对丫吉试验场内岩土系统地球化学行为及其对岩溶作用驱动进行了研究，表明土壤有机质对石灰岩溶蚀具有明显的促进作用，雨季比旱季、坡地比洼地岩溶作用更加发育。章程等（2007）基于SWMM模型模拟丫吉试验场内岩溶峰丛洼地系统降雨径流过程中以管道为主总出口S31泉的流量曲线。姜光辉等（2008）研究发现丫吉试验场表层岩溶带降雨补给的产流阀值为12毫米；姜光辉等（2009）基于丫吉试验场，将岩溶山区剖面产流模式划分为大气—岩石界面的超渗产流、大气—土壤界面的超渗产流或饱和产流、土壤—岩石界面的壤中流、表层岩溶带—包气带界面的表层岩溶带产流和包气带—饱水带界面的地下径流；姜光辉（2011）基于水化学方法，分析出丫吉试验场补给S31泉的径流形式有表层岩溶带管道流、回归流、坡面流和壤中流。程国富（2013）选取丫吉试验场一典型岩溶石山坡面，对其土壤剖面层含水量的分布变化、土壤蒸发速率大小及其相关影响因素进行分析研究，从水量方面研究各含水系统的水文动态特征。常勇基于丫吉岩溶泉裂隙—管道二元结构特征，分别利用水箱—紊流管道模型、MODFLOW–CFP模型、水箱—CFP组合模型，模拟不同情景下S31泉的水文动态变化过程（常勇，2015；Chang et al，2015a；Chang et al，2015b；Chang et al，2017）。龚晓萍（2016）在桂林市丫吉试验场研究土壤水分运移机制及制定因地制宜的石漠化治理方案，通过人工采样与仪器自动记录对不同深度土壤含水率进行监测，分析土壤含水率动态变化。郭小娇等基于高频率水文指标监测，分析丫吉试验场包气带洞穴滴水对降水响应过程及水化学指标的动态变化特征，研究典型岩溶包气带洞穴滴水对降雨响应的水文过程（郭小娇等，2014；Guo et al，2015；郭小娇等，2017a）。同时，郭小娇等（2016，2017b）选取丫吉试验场典型岩溶石山山坡土壤剖面，基于土壤理化性质和高分辨连续监测不同深度的土壤水分，分析土壤剖面水分的动态变化规律及影响因素，揭示岩溶石山山坡降水入渗补给机制，为我国南方岩溶地区石漠化治理、水土流失和岩溶水文过程等研究提供科学依据。基于岩溶发育的程度具有随着深度逐渐减小的趋势，含水介质的孔隙度和渗透性随之降低，而在一定深度还会因为岩溶管道的存在导致渗透性发生突变，岩溶含水层这种强烈的非均质性要求岩溶水不仅要分层观测甚至还要分裂隙观测，姜光辉项目组在丫吉试验场西坡径流小区建立多通道多层监测系统（图4-23）（国土资源部/广西岩溶

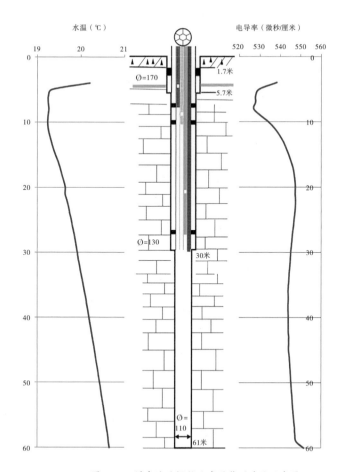

图4-23　丫吉试验场钻孔多层监测系统示意图

动力学重点实验室年报，2017）。姜光辉项目组在丫吉试验场开展了无人机航拍建模试验，制作了整个场区与局部重点区域的数字表面模型与实景三维模型等一系列的图件（图4-24），生动展示了具有世界自然遗产价值的我国南方岩溶两种典型地貌峰丛洼地与峰林平原的形态特征，为关键带观测站建模和完善动力过程监测提供重要信息（姜光辉，2018a）。城乡接合部位是土地利用格局变化最强烈的部分，该项目组根据丫吉试验场20世纪80年代建立以来周围土地利用格局的变化开展生态环境调查（图4-25），分析试验场及其周围土地利用变化影响丫吉岩溶泉域的水文过程及水质（姜光辉，2018b），为评估桂林市发展与生态环境保护之间的关系提供科学数据。

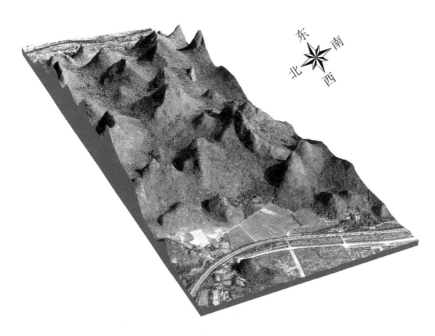

图4-24　丫吉试验场三维立体图

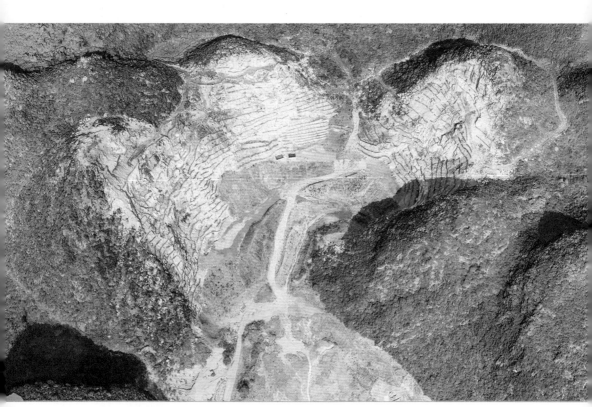

图4-25　丫吉试验场南侧采石场显著改变地貌景观

第五章　桂林奇洞

桂林老百姓流传一种说法，那就是桂林"无山不洞"，意思是说桂林的每一座山（这里主要指岩溶峰体）均发育有岩溶洞穴，实地调查之后，发现的确如此。在桂林市区附近有 220 座石峰，发育横向洞穴达到 292 个，平均每个石峰中发育洞穴约 1.33 个（朱学稳等，1988）。岩溶高度发育的峰体之中，岩溶洞穴或大或小，或水平分布，或垂直发育，或贯穿峰体，或多层位发育，甚至相互连通成洞穴系统。洞穴高度发育，为地下水提供了赋存空间，特别是随着地下水位下降，饱和的滴水和滴流水进入洞穴之后脱气，形成了各种形态的洞穴沉积物，如滴水形成的鹅管、石笋、石钟乳和石柱；流水顺壁流下形成的石幔，顺坡形成的边石坝；裂隙水形成的石盾；池水和滴水共同形成的莲花盆（盘）、穴珠等。这些沉积物的组合也成就了一些名洞，如芦笛岩、七星岩、冠岩和银子岩等。岩溶洞穴的发育，丰富了"桂林山水"的内涵，成为桂林山水"山清、水秀、洞奇、石美"的重要组成部分。

另外，岩溶洞穴露出地表，提供了相对宽敞的空间，同时也提供了躲避风雨的场所，成为古人类生活的重要场所。目前桂林发现最早的古人类遗址——距今 3.5 万~ 2.8 万年的宝积岩（王令红等，1982），到距今 7000 年的甑皮岩（中国社会科学院考古研究所等，2003），期间桂林古人类均以岩溶洞穴作为主要的居住场所。大量的史前洞穴遗址（韦军，2010），也丰富了桂林历史文化名城的内涵，助力桂林成为首批国家历史文化名城。

基于桂林岩溶洞穴的上述特征，本章主要介绍岩溶洞穴的形成原理、岩溶洞穴沉积物的成因和桂林典型的岩溶洞穴。

一、溶洞形成原理及特征

溶洞是岩溶作用所形成的空洞的通称，而国际洞穴联盟的溶洞则专指人可进入者。Ford和Williams（2007）则认为管道直径/宽度大于5～15毫米就可以称之为溶洞。相对而言，国际洞穴联盟所指的溶洞是洞穴发育的成熟形态，而管道直径大于5～15毫米的溶洞则是洞穴发育的初始阶段。溶洞从小的管道发展到人可以进入的洞穴，经历了漫长的过程，要恢复其形成演化过程，存在较大的难度。人们对其形成演化的认识也处于不断发展的过程中。20世纪50年代以前，地质学家和洞穴学家通过调查和研究，提出了经典的三大成洞理论：包气带成洞理论、饱水带成洞理论和深部承压带成洞理论（图5-1）（修改自Ford and Ewers，1978）。

因此，溶洞按成因类型可以分为包气带洞、饱水带洞和深部承压带洞等（袁道先，1988）。包气带、饱水带和深部承压带是根据地下水的形成、分布或运动特征而命名的含水单元。因此，岩溶洞穴的形成也与地下水的形成、分布或运动特征有着密不可分的联系。下面抛开地质构造、地层岩性及生物活动等影响因素，就地下水动力条件与岩溶洞穴形成进行简单介绍。

包气带，顾名思义就是包含有空气的地带。岩溶区，特别是有土壤覆盖的岩溶区，包含空气最大的特征是空气中CO_2易与地下水结合，形成侵蚀性的水溶液，此地带的水是这三个带中化学溶蚀能力最强的。溶洞的形成过程为受前期地质构造控制和岩溶水共同作用形成的裂隙、落水洞和竖井等补给单元下渗的水，在包气带内沿着各种构造面不断向下流动，在岩溶水的溶蚀侵蚀作用下空间不断扩大，形成大小不一、形态多样的洞穴（图5-2）。起初这样下渗的水所形成的溶洞彼此是孤立的，随着溶洞的不断扩大，水流不断集中，岩溶作用不断进行，孤立的溶洞便逐渐沟通，许多小溶洞合并成为溶洞系统（袁道先，1988）。

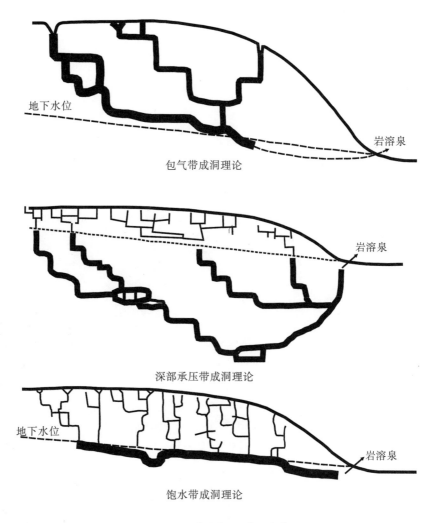

包气带成洞理论

深部承压带成洞理论

饱水带成洞理论

图5-1　经典的溶洞形成理论图

　　饱水带，顾名思义即充满地下水的地带。饱水带地下水的特征相对包气带，水的化学溶蚀能力减弱，且有一定物理侵蚀能力，同时还受到洪水的影响。此类洞穴主要以近水平分布为主，且反映当时地下管道的特征。由于饱水带洞为地下水面附近发育的溶洞，有的学者指出了此类洞穴有迷宫式展布，层面网状溶沟、洞顶悬吊岩和窝穴（图5-3）等特征。随着地壳抬升，河流下切，地下水面下降，洞穴脱离

图5-2 包气带洞穴（大型竖井）

图5-3　饱水带洞穴标志——窝穴（桂林南溪山公园窝穴）

地下水位，形成干溶洞。这时洞内开始形成各种碳酸钙的次生化学沉积物（袁道先，1988）。目前桂林分布的大量洞穴主要为此种类型。

深部承压带，即地下水带有承压性质，水的物理侵蚀作用相对要强。深部承压带洞以分布较局限，并受裂隙、节理、层理等构造形迹控制为特征，多有悬吊岩等形态出现（图5-4、图5-5）（袁道先，1988）。随着研究的深入，Ford和Ewers（1978）通过试验证实，洞穴系统的空间分布首先遵循空间裂隙分布。根据实验和总结分析认为，包气带、深部承压带和饱水带洞穴成因可能是一致的，受控于基岩的破裂程度，并提出"四态模式"。即第一状态，深潜流带洞穴

悬吊岩

图5-4　深部承压带洞穴标志——悬吊岩（玉林兴业鹿峰山景区龙泉洞内悬吊岩）

（bathyphreatic cave），由于断裂裂隙不是很发育，深部承压带受裂隙控制的多个独立的管道连接成一个环路，地表水从入口汇入，从出口汇出；第二状态，深部承压带洞穴（deep phreatic cave with multiple loops），随着节理裂隙的扩大，深部承压的多段管道出现多个进水口和出水口，但受承压控制，仍由总出口排出；第三状态，承压带—饱水

图5-5　深部承压带洞穴（桂林兴坪莲花洞悬吊岩，底部为莲花盆）

带混合洞穴（mixed phreatic-water-table cave），节理裂隙较发育，平行于地下水位的管道发育，但仍存在部分管道处于承压状态，导致承压带洞穴与饱水带洞穴并存；第四状态，理想饱水带洞穴（ideal water-table cave），节理裂隙高度发育，平行于承压面发育的管道不断扩大，成为完全饱水带洞穴（图5-6）（修改自Ford and Ewers，1978）。

而Palmer（1991）根据管道的连接及空间展布，提出溶洞存在4种普遍的类型：枝杈型洞穴（branchwork caves）、网络型洞穴（network caves）、交织型洞穴（anastomotic caves）和海绵网格型洞穴（ramiform and spongework caves）。其中枝杈型洞穴是分布最普遍的洞穴类型，与地表河流分布类似；网络型洞穴主要受节理和断层控制；交织型洞穴表现为多种形状的管道相互连接；海绵网格型洞穴主要形成于多孔灰岩中，表现为洞道的不规则（图5-7）。

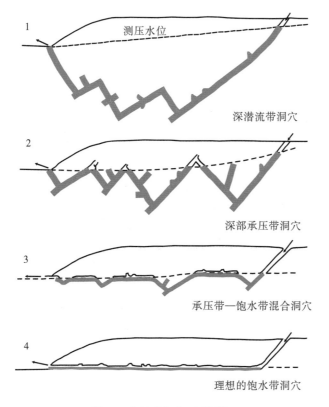

图5-6 溶洞形成"四态模式"

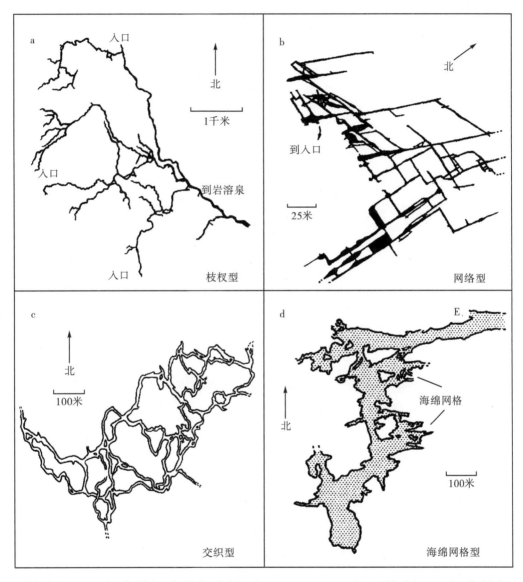

a. 枝杈型（branchwork），典型代表：美国密苏里州裂隙洞（Crevice Cave，Missouri）；b. 网络型（network），典型代表：美国弗吉尼亚州十字路洞部分洞道（part of Crossroads Cave，Virginia）；c. 交织型（anastomotic），典型代表：瑞士赫洛赫部分洞道（part of Hölloch，Switzerland（Creataceous Schrattenkalk）））；d. 海绵网格型（ramiform and spongework），典型代表：美国新墨西哥州卡尔斯巴德洞穴系统（Carlsbad Cavern，New Mexico）。a和b中由于管道长度和宽度太小，用实线表示。

图5-7 洞穴平面展布四种主要类型图

　　以上溶洞形成模式，都是在大量的科学实践以及大量的洞穴探索和思考后提出和改进的，为我们更好的认识洞穴提供了理论基础，为更好地开展洞穴调查和研究工作奠定了基础。

　　在总结分析中，Palmer（1991）根据实验室测试和理论计算，提出洞穴形成年龄的计算公式：

$$t_{max}=\alpha\ \omega_0^{-3.12}\left(\frac{i}{L}\right)^{-1.37}\left(P_{CO_2}^0\right)^{-1.0}\text{year}$$

　　其中，$P_{CO_2}^0$ 是上游终端的 CO_2 分压，α 为受温度和系统类型控制的系数，10摄氏度时，封闭系统中 $\alpha=5\times10^{-12}$，开放系统中 $\alpha=1\times10^{-12}$。L 为洞穴长度，ω_0 为固定水力梯度时的洞穴初始宽度，i 为水力梯度。

　　1996年，Dreybrodt通过大量的模拟和计算，也给出了洞穴年龄的计算公式：

$$T=\text{const}\left(\frac{L}{i}\right)^{4/3}\alpha_0^{-3}k_{n_2}^{1/3}c_{eq}^{-4/3}\text{years}$$

　　其中const=$9.0\times10^{-14}\pm1\times10^{-14}$，$L$ 为洞穴系统长度，i 为水力梯度，α_0 为初始裂隙宽度，k_{n_2} 值为 1.6×10^{-9}。c_{eq} 为钙离子的平衡浓度，单位是摩/厘米³。

　　因此，在测定某些参数之后，我们可以对洞穴形成的时间做一个大概的估算，Palmer（1991）根据估算，认为大部分的洞穴要达到人可进入的规模，需要1万～10万年。当然这些年龄的计算主要从物理化学方面溶蚀、侵蚀方面考虑，如果考虑到地壳抬升、地下水位下降等各种因素，我们现在看到的洞穴形成时间将更长，至少需要上万年时间。

　　地质构造和岩溶水控制了岩溶洞穴的形成，同时洞穴内的沉积堆积形态、组合、成分和分布也记录了洞穴的形成演化过程。洞穴围岩也记录着洞穴发育的历史，因此，仔细观察研究洞穴的围岩特征、物理沉积特征可以帮助恢复洞穴演化过程。如茅茅头大岩洞顶及洞壁的红色角砾岩指示洞穴围岩为晚白垩世形成，而钙泥质胶结物的微细层理则反映了当时的沉积环境（图5-8、图5-9）。而硝盐洞（图5-10）和盘龙洞下层水洞（图5-11）洞壁上的方解石晶胞则指示当时洞穴为充水状态。洞壁

图5-8 桂林茅茅头大岩红色角砾岩红色钙泥质胶结物的微细层理

图5-9 桂林茅茅头大岩红色角砾岩红色钙泥质胶结物的微细层理

图5-10　桂林丫吉硝盐洞洞壁方解石晶胞

图5-11　桂林葡萄报安盘龙洞下层水洞方解石晶胞

及边槽沉积的砂砾石层（图5-12）和钙华层（图5-13）则指示洞穴由地下河发育而来的过程中的阶段性状态。因此，可以通过寻找洞穴内的地质证据，恢复洞穴的形成和演化过程。

20世纪80年代，朱学稳（1988）对桂林的洞穴进行了大量的调查和研究，并根据洞穴分布的地貌特征进行了统计，发现桂林峰林平原的洞穴存在几个重要特点：一是洞穴空间展布以横向洞穴占绝对优势，竖向洞穴其次，且发育在较大山体之中；二是洞穴发育程度高，洞穴发育遍及整个石峰；三是以简单通道为主的横向洞穴类型主要有脚洞型、穿洞

图5-12　桂林盘龙洞下层水洞钙泥质胶结砾岩

图5-13　桂林阳朔兴坪罗田大岩巨厚钙华层

型、小型伏流和地下河型，迷宫型、穿形和厅堂式洞穴较少。峰丛洼地的洞穴的主要特征：一是横向洞虽少，但规模多较大，除单一洞道外，枝状、侧羽状通道也较普遍；二是迷宫式和单一堂室式洞穴较少；三是洞穴横断面以矩形、峡谷型及裂隙型为主，其他形态较少。丘丛、岭丘、缓丘区洞穴的主要特点是溶洞很不发育，多为小型溶洞或溶隙。

二、桂林地区洞穴典型景观

桂林地区洞穴沉积景观丰富多彩，沉积物类型多种多样，其组合更是千变万化，本部分介绍主要类型。

1. 石笋

石笋，顾名思义就是长得像笋一样的石头。一般生长于洞穴底板，底部直径较顶部直径大，形状就像地上长出来的竹笋一样。其形成原理是：含过饱和的碳酸氢根的滴水在下落的过程中，由于洞穴CO_2浓度小于滴水CO_2分压，CO_2从滴水中逸出，滴水达到饱和，在滴落到地面之后$CaCO_3$结晶析出，形成一层一层的从地面向上生长的$CaCO_3$柱体或椎体。石笋的直径从几厘米到十米以上（茅茅头大岩巨型石笋）（图5-14）。石笋的形态各异，有的从下到上直径几乎不变，有的呈棕榈状，有的底部小顶部大等，其形态特征反映了洞穴滴水的动态变化。如直径变化不大的石笋，一般上覆含水层调蓄能力较强，滴水均匀稳定；棕榈状的石笋由滴水和溅水共同作用形成（朱学稳等，1988）；有些石笋长得歪七扭八，主要是与滴水点位置移动有关，大型石笋往往是大量滴水点共同沉积形成的。

（1）石笋应用于亚洲季风演变研究

洞穴石笋除了作为一种岩溶景观，还是记录气候变化的良好载

图5-14　桂林茅茅头大岩巨型石笋

体。由于石笋有着分布广泛、对气候环境变化敏感、沉积连续、测年精度高、时间分辨率高、多指标等特点，成为研究第四纪气候环境变化的重要地质载体。特别是凭借其适用于高精度的U–^{230}Th定年法，基于石笋记录建立的年代框架已经成为其他地质载体的年代基准（Barker et al，2011）。随着全球范围内石笋记录研究的开展，特别是石笋记录在气候突变事件、长期气候变化机制上的重要意义，石笋已经成为继冰芯、黄土和深海沉积三大古气候支柱的另一重要支柱（汪永进和刘殿兵，2016）。近年来亚洲季风区的石笋记录研究蓬勃发展，取得了一系列科研成果，提高了中国石笋研究的影响力，为亚洲夏季风研究做出了较大的贡献。

第一，重建了过去64万年来的亚洲夏季风演变过程，提出亚洲夏季风受太阳辐射岁差周期控制（图5-15）（Cheng et al，2016）；西安交通大学程海教授利用采集自湖北神农架，以及拼接贵州董哥洞、江苏葫芦洞的石笋δ^{18}O记录，重建了64万年以来亚洲季风的演变历史。通过与北半球夏季太阳辐射进行比较，确认了在轨道尺度上，亚洲夏季风主要受太阳辐射岁差周期控制。所谓岁差，是指地球在绕太阳做公转运动时，由于引力作用，导致地球自转轴在公转黄道面上发生的缓慢且连续的变化。其变化周期约为23000年。根据图5-16所示，例如b图中目前冬至日位于近日点附近，夏至日位于远日点附近，再过半个岁差周期之后，冬至日将位于远日点附近，而夏至日将位于近日点附近，到时冬季将更冷，夏季将更热。那么随着岁差周期的变化，地球系统就会随着太阳辐射的变化而发生改变，尤其是中低纬度地区。其中影响最显著的是季风系统，随着太阳辐射的增强与减弱，夏季风系统也随之增强与减弱，水热也随之增加与减少。

第二，建立了气候变化与中国朝代更迭的相互联系（图5-17）（Zhang et al，2018）。兰州大学张平中教授及合作团队通过对采集自甘肃万象洞的石笋记录进行精确的年代学和δ^{18}O研究，发现夏季风及其带来的降水变化与中国朝代的更迭存在一定的相互联系。在朝代更迭期，夏季风相对都偏弱以及东亚季风区降水整体减少，但气候变化是否在朝代更迭中起到关键作用目前仍存在一定争议。

（2）石笋年代学

利用石笋重建气候变化首要解决的问题是：建立准确的年代序列。目前精确定年的方法主要有纹层定年法和U-²³⁰Th定年法。纹层定年，由于季节的变化，石笋沉积的物质来源会发生差异，如雨季由于降水量相对较大，下渗的水携带能力较强，所携带的物质，如有机质、一些细颗粒物质等都被携带进入洞穴，沉积于石笋表面；到了旱季，由于降水

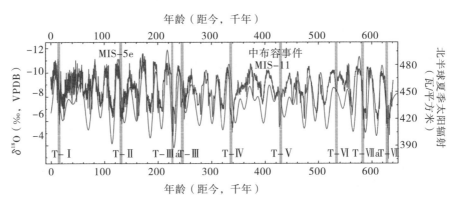

图5-15　利用石笋记录重建的过去64万年来亚洲夏季风变化

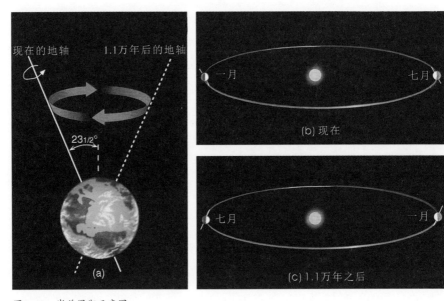

图5-16　岁差周期示意图

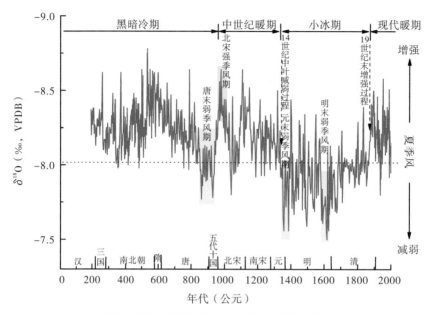

图5-17 利用石笋重建的夏季风降水变化与中国朝代更迭的相互联系

减少，下渗的水携带能力减弱，携带的有机质等就相应减少。雨季纹层偏暗，旱季偏亮，暗色层与亮色层组合成一个纹层（图5-18）（周厚云等，2010）。因此，通过数纹层就可以确定石笋生长的年龄。当然，由于气候环境的变化，石笋纹层可能出现"缺层""伪年层"等问题，需要加以甄别。铀系测年是根据元素铀的放射性同位素的衰变特性而建立的一种测年方法。主要是基于^{238}U–^{234}U–^{230}Th这一衰变序列，分别测定母体与子体个数来计算年龄（图5-19）（Yin et al，2014）。要应用到测试分析，有两个前提，一是母体半衰期较子体长，二是母体与子体容易化学分离。而^{238}U–^{234}U–^{230}Th序列很好地满足了条件，其中^{238}U、^{234}U、^{230}Th的半衰期分别为（4.4683 ± 0.0048）× 10^9年、245 620 ± 260年、75 584 ± 110年（Cheng et al，2013）。在氧化环境下，+6价U和+4价Th表现出很大的差异性，U趋向于溶液状态，为可溶的，而Th在自然水体中是不溶的，更倾向于附着在颗粒沉积物上。因此，可以通过U与Th的化学

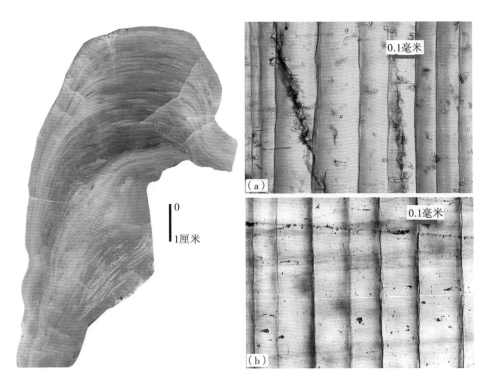

图5-18　石笋剖面及显微镜下的石笋纹层照片

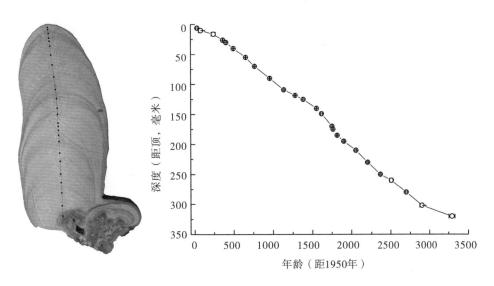

图5-19　湖南湘西莲花洞石笋剖面及深度-年代模式图
（左图黑色点为年龄采样位置，右图为深度-年龄模式图）

性质差异，进行分离提取。同时在石笋测年前，石笋样品必须满足两个条件，一是样品在沉积时没有Th元素的汇入，即样品要干净；二是样品沉积必须在封闭体系内进行，即样品没有发生后期的重结晶作用。随着多接收等离子体质谱仪（MC–ICP–MS）的应用，石笋测年样品需求量少（一般几十毫克），精度高（误差控制可以在1‰以内），测年时限长（从几年到80万年）（Cheng et al，2013），成为目前最精确的定年方法之一。

（3）石笋地质/极端气候事件研究

石笋除了在过去气候变化研究中有着重要作用外，还可以用来研究过去的地震（图5-20）（Kagan et al，2005；Panno et al，2016；张美良等，2009）、极端事件如干旱事件（图5-21）（Yin et al，2014）、洪水事件（图5-22）（Dasgupta et al，2010；Denniston et al，2015）、台风登陆事件（图5-23）（Frappier et al，2007；Nott et al，2007）等。

（4）桂林的石笋古气候研究

中国地质科学院岩溶地质研究所在袁道先院士的领导下，在桂林市开展了卓有成效的古气候研究。从20世纪80年代开始，岩溶所古气候研究团队开展了桂林20万年以来古气候重建工作，先后采集阳朔葡萄盘龙洞、桂林秀峰区水南洞、灌阳观音阁响水岩、荔浦丰鱼岩等洞穴的石笋，通过高精度的U–^{230}Th定年、AMS^{14}C定年和^{210}Pb定年等测年技术，采用δ^{18}O、δ^{13}C、元素含量和发光性等指标，重建了桂林20万年来高分辨率的环境演变过程（袁道先等，1999）。其中很多工作在国内是开创性的，一是首次利用洞穴石笋记录重建桂林20万年以来的气候变化（袁道先等，1999）；二是首次在中国南方地质记录中发现新仙女木事件（Li et al，1998）；三是首次通过系统监测得出，桂林洞穴石笋δ^{18}O受夏季风降水量的控制（Li et al，2000；覃嘉铭等，2000）；四是首次用石笋δ^{13}C在桂林地区识别人类砍伐导致的植被破坏（覃嘉铭等，2000）。

①桂林20万年来石笋高分辨率古环境重建

在国际地球科学计划IGCP299 "地质、气候、水文与岩溶形成"、

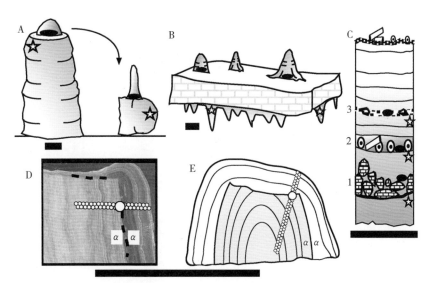

地震的洞穴石笋剖面证据类型，A为石笋顶部断裂倒塌后，在其上长出新的石笋；B为洞穴顶板坍塌之后，在其顶部生长的石笋；C为流石断面中掉落的顶板及沉积物残块，1为小的石钟乳，2为碎屑层，3为地震造成的石笋断面；D和E为古地震断面。

图5-20　利用石笋记录来反演过去地震

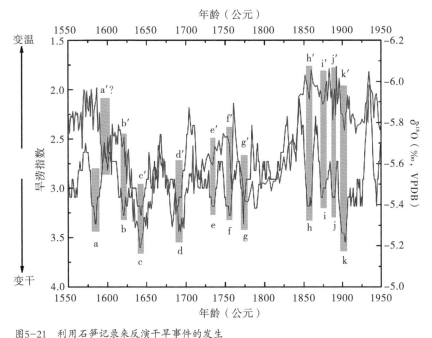

图5-21　利用石笋记录来反演干旱事件的发生

（利用湖南湘西莲花洞石笋δ^{18}O记录反演过去发生的干旱事件，通过对比当地的旱涝指数，发现干旱事件的发生对比石笋δ^{18}O相对偏重，因此可以根据石笋δ^{18}O值的变化来重建过去发生干旱的时间）

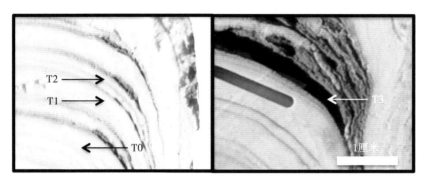

图5-22 利用石笋反映洪水事件
(澳大利亚洞穴石笋中黏土层，由于洞穴在洪水期间涨水，洪水携带黏土物质覆盖于石笋表面，因为每次洪水过后，石笋表面就会附着一层黏土物质，因此黏土层的分布成为洪水事件的标志)

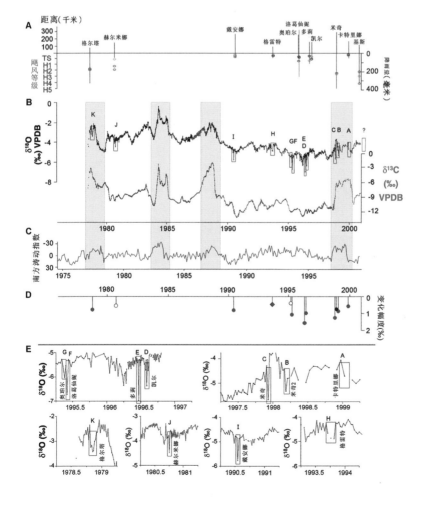

图5-23 利用洞穴石笋纪录反演台风登陆事件
(利用采集自中美洲伯利兹的石笋稳定碳氧同位素，重建了当地的台风登陆事件。台风登陆期间，强降水将导致洞穴石笋δ^{18}O和δ^{13}C同时偏负，因此，可以根据石笋δ^{18}O和δ^{13}C来反演过去的台风登陆事件)

IGCP379 "岩溶过程与碳循环"、国家自然科学基金项目"中国岩溶形成及环境变化预测研究""中国典型地区岩溶形成及与环境的相互影响""桂林20万年石笋高分辨率古环境重建""我国典型岩溶动力系统与环境的相互作用与演变"等项目的资助下，在袁道先院士的领导下，古环境研究团队成员李彬、覃嘉铭、林玉石和张美良等对桂林20万年来的气候环境进行了重建工作。以桂林市西北水南洞1号石笋和灌阳响水岩1号石笋两个剖面为基础，结合桂林葡萄报安盘龙洞1号石笋、荔浦丰鱼岩4号石笋的高分辨率资料，确定了桂林地区20万年以来的气候变化模式为：存在3个气候旋回，分别为距今126.3千年、10.7千～126.3千年和10.7千年，每个阶段形成一个夏季风由强到弱的气候旋回，旋回周期距今120千年左右。利用石笋δ¹⁸O重建的夏季风变化可以与深海氧同位素进行对比，说明桂林气候变化响应全球气候变化。发现9次千年级、百年级弱夏季风事件，分别发生在距今11.0千～10.7千年、12.6千～13.0千年、15.8千～16.7千年、17.5千～20.2千年、22.5千～25.6千年、43.0千～43.8千年、103.5千～114.0千年、126.3千～136.3千年和139.0千～142.7千年，这9次弱夏季风事件均能与深海氧同位素进行对比，说明这9次弱夏季风事件是全球海气系统发生改变引起的。

由于桂林地区石笋的低U含量，给进一步的研究带来了很大的困难。但这项开拓性的工作搭建了桂林地区过去20万年的气候框架，一定程度上指导了中国南方的古气候研究，同时为古人类迁徙和演化研究提供了气候背景，为桂林地质地貌、水资源和生态环境的研究提供了数据支持。

②桂林地区洞穴石笋δ¹⁸O的气候指示意义研究

在应用洞穴石笋重建古气候之前，准确解释石笋中代用指标的气候环境指示意义是首要工作。石笋δ¹⁸O是目前石笋古气候重建应用最多也是研究最多的代用指标，但是准确解译却花费了很长的时间。基于O'Neil（1969）实验得出的水与碳酸钙的平衡分馏公式：$1000 \ln \alpha = 2.78（106 T-2）-3.39$，中国早期（20世纪80年代）石笋δ¹⁸O的研究主要集中在温度变化的研究。随着研究的深入，特别是大气降水δ¹⁸O同位素的研究，发现东亚季风区大气降水存在明显的"量效应"（郑淑惠等，1983），而且部分地区大气降水δ¹⁸O与气温存在负相关关系，因此，中国季风区大气降水δ¹⁸O并不能用来重建过去的温度变化。而桂林地区通过长时间对大气降水及同位素、洞穴滴水、洞穴现代沉积物的系统监测发现，桂林地区年均大气降水δ¹⁸O与夏季风降水量存在显著负相关（$n=16$，$r=-0.8099$），跟夏季风降雨与年总降水量比值呈显著负相关（$n=16$，$r=-0.8830$）（图5-24）。同时，盘龙洞（图5-25）洞穴滴水和沉积物监测数据显示，洞穴滴水和洞穴沉积物δ¹⁸O与大气降水δ¹⁸O同步变化，但洞穴滴水和沉积物δ¹⁸O变幅相对较小，且相对大气降水δ¹⁸O滞后3~4个月（覃嘉铭等，2000）。这些证明了桂林地区洞穴石笋δ¹⁸O能够反映夏季风降水量的变化。

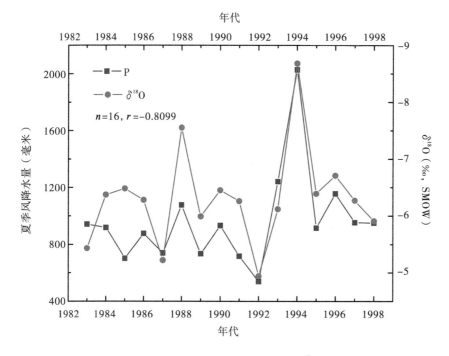

图5-24　桂林夏季风降水量与同时期降水δ¹⁸O对比

图5-25　桂林阳朔葡萄报安盘龙洞地貌图

③石笋δ^{13}C指示石漠化过程

石笋δ^{13}C能够用来指示洞穴上覆植被和土壤状况，反映局地的生态环境变化。采集桂林荔浦丰鱼岩F4石笋，通过TIMS-U系定年和^{210}Pb定年，确定14.4厘米的F4石笋生长年代为1475～1995年，生长时限为520年。通过高分辨率的碳氧同位素分析，发现F4石笋碳同位素在1479～1790年δ^{13}C值为-13‰～-11‰，从1790年开始，δ^{13}C快速变重，在1890年达到-5.6‰的最重值（图5-26）（覃嘉铭等，2000；Ge et al，2013），在约100年的时间内，δ^{13}C出现超过6‰的变化。同时对比代表夏季风降水量的δ^{18}O，发现当时的夏季风降水量相对较丰沛（图5-26），因此排除因为气候因素导致的δ^{13}C的变化。为探寻丰鱼岩洞顶植被和土壤改变的原因，查阅了历史文献和地方志，发现1790年恰是清乾隆后期，康乾盛世及稳定的社会环境带来了人口的快速增长，而此时正是过去2000年来典型的寒冷期——小冰期，气温相对偏低（图5-26）。因此，在低温和人口快速增长的压力下，处于峰丛洼地和岩溶槽谷的丰鱼岩，不可避免地受到人类活动的影响，洞穴上覆植被受到较大的破坏，甚至出现了石漠化。虽然1900年之后，植被出现了一定程度的恢复，但是已经无法恢复到之前的程度（图5-27）。历史文献亦有相关记载，丰鱼岩所处的三保坪峰丛洼地，历史记载当地山清水秀，三河街—青山岩溶槽谷两侧多岩溶泉，丰鱼泉生产丰鱼，但目前槽谷两侧泉群基本消失。

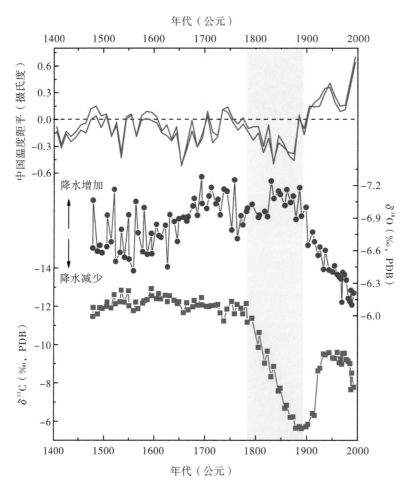

图5-26　桂林丰鱼岩石笋δ¹³C记录揭示的人类活动导致的植被破坏

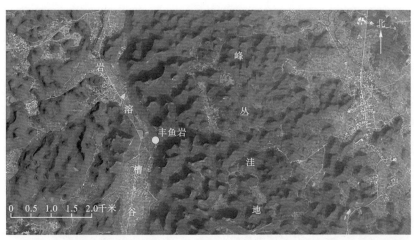

图5-27　桂林荔浦丰鱼岩地形地貌图

2. 石钟乳

石钟乳是根据其形态命名的一种沉积形态，其倒挂于洞顶，形状如乳，是沿裂隙、孔隙自洞穴顶部向下生长的一种以碳酸钙为主的沉积（图5-28、图5-29）。开始时表现为一小型突起，后随着饱和滴流水的持续补给，石钟乳逐渐增大、变长。切开石钟乳，其剖面呈现同心圆的结构，而中心部分为空心的管道。由于滴流水总是从洞顶顺石钟乳向下流动，可能导致沉积年代的倒序及同位素的交换，因此，一般并不宜用石钟乳来重建古气候环境。一般洞穴如果洞顶有正在生长的石钟乳沉积，那么洞底沉积的石笋较少，主要是饱和的碳酸钙溶液在沉积形成石钟乳之后，顺石钟乳滴下的水不饱和，难以形成石笋。但由于滴水动态变化，有时洞穴滴水自洞顶滴出，并未达到饱和，此时的石钟乳并不生长，而滴水下落到地面，经过足够的脱气，在洞底形成石笋。因此，一般而言，滴水滴率较快，易在洞底形成石笋；滴水滴率较慢，易在洞顶形成石钟乳，如桂林芦笛岩洞内大厅，总体看石笋多于钟乳石，说明滴水较快。

在洞穴中，经常发现洞口存在向光性生长的石钟乳。经浸解制片

图5-28　球状石钟乳（广西桂林茅茅头大岩）

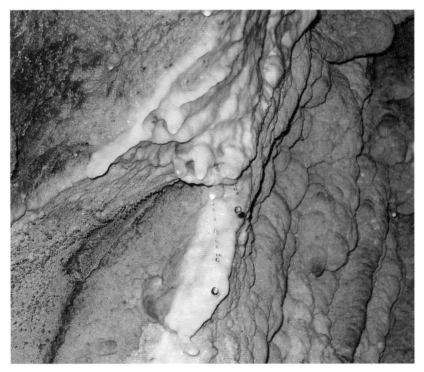

图5-29　正在滴水的石钟乳（广西桂林茅茅头大岩）

和岩石薄片观察，生活于洞口附近的向光性钟乳石上的生物体主要是藻类、苔藓。他们一方面通过光合作用吸收二氧化碳，使得碳酸钙因同化作用而发生沉淀，同时生物吸收光能，合成有机质，使无机碳转化为有机碳，成为生物体的一部分，生物体又通过其自身的生理生化过程将溶液$CaCO_3$颗粒粘结在体表，进而形成结壳。另外，生物体可以通过钙化作用，形成钙质生物体而成为石钟乳的一个部分，因此其向光部位由于藻类等生物生长，导致向光侧与背光侧沉积速率存在差异，从而形成向光性钟乳石，某些生物的钙化作用还使石钟乳的向光侧直接长出瘤突（图5-30）。

向光性钟乳石

图5-30　洞口向光性生长的钟乳石

3. 石柱

　　向下生长的石钟乳与向上生长的石笋连接到一块，就形成了石柱（图5-31、图5-32）。因此石柱在洞穴系统是顶天立地的存在。而许多旅游洞穴则将要连接到一块的石笋、石钟乳命名为"千年一吻"，寓意

图5-31　桂林穿山洞的石柱、石钟乳、石笋组合

图5-32 桂林阳朔兴坪罗田大岩西口的巨型石柱

石笋和石钟乳终将连接成一个整体，变成石柱，也说明石笋和石钟乳沉积速率比较慢，需要很长时间的相互生长才能变成石柱。桂林阳朔兴坪罗田大岩分布有直径10米以上、高度超过40米的巨大石柱10根以上（朱学稳，1988），反映罗田大岩洞穴滴水规模很大，且成洞历史古老。

4. 石幔

石幔又称石帷幕、石帘、石蚊帐等，由顺洞顶、洞壁节理裂隙或者层面裂隙流出的饱含碳酸钙的薄层水在流出基岩过程中脱气饱和，沉积出面状如波浪状、裙状、多褶或者叠积成的一种沉积形态（图5-33、图5-34）。

图5-33 桂林盘龙洞的石幔

图5-34 桂林穿山洞的石幔

5. 边石坝

在有一定坡度的地下河、地表河、岩溶泉向下流动的过程中，或者洞穴滴流水顺洞壁向下流动的过程中，由于岩溶水脱气、饱和沉积形成的拦河坝状、阶梯状的碳酸钙边石。由岩溶地表水形成的边石坝比较典型的有云南香格里拉的白水台（图5-35）、四川阿坝的九寨沟和黄龙等。旅游洞穴景点介绍一般用"石梯田""万里长城"来表述这种特殊的地质景观（图5-36）。

图5-35 云南香格里拉市白水台边石坝

图5-36 桂林茅茅头大岩边石坝

6. 莲花盆（云盆）

由滴水、池水和流水协同沉积形成的一种碳酸钙沉积物。其形态一般为圆形或者浑圆形（图5-5，图5-37）。其形成条件：原始的洞底必须是平整的池塘，莲花盆必须自洞底从最初阶段同步生长；洞底有池塘的形成条件，洞顶还同时要有流量较大的滴水（图5-38）（朱学稳等，1981；朱学稳，1986）。

图5-37　广西乐业罗妹莲花洞莲花盆
（直径9.4米，目前为世界上直径最大的莲花盆）

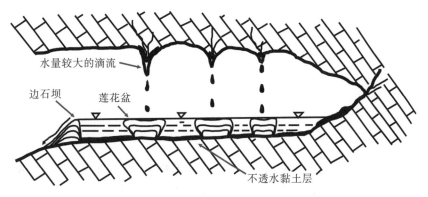

图5-38 莲花盆形成模式图

7. 鹅管

从洞顶向下生长的上下直径变化不大的细长、中空、管状沉积形态（图5-39）。一般为封闭性较好的洞穴空间内，由慢速滴水点形成。因此中空而颜色透明，类似于中间空管的鹅毛而命名。英文名为soda straw，意为吸苏打水饮料的麦秆，同义。

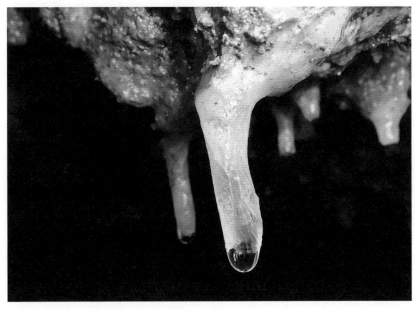

图5-39 鹅管（广西桂林茅茅头大岩）

　　鹅管由于其主要由中心管道滴水，脱气饱和结晶生长，因此其沉积序列正常，同样也可以用来重建过去的气候环境变化。如台风降水（图5-40）（Jo et al，2010）、石漠化过程（刘子琦，2008）及大气CO_2中$\delta^{13}C$的变化（Baskaran and Krishnamurthy，1993）等。

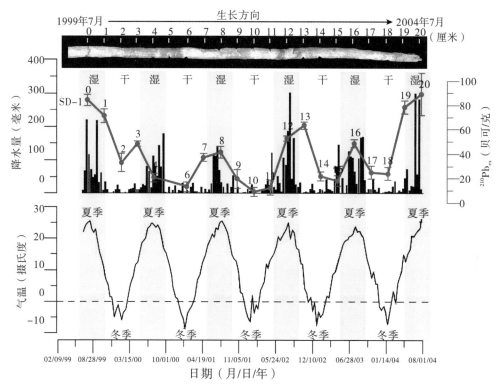

图5-40　利用鹅管重建的台风降水事件
（用采集自韩国的鹅管^{210}Pb同位素通量变化重建了当地的台风降水事件）

8. 石盾

　　因其具有一块盾形的板而得名。为洞壁裂隙具有局部承压性质的饱和碳酸氢根的裂隙水向外挤出，形成上下两片吻合向外生长的环形盾面，在盾面生长的同时，下部盾面接受向下流出的坡面流水，形成盾坠（石幔）（图5-41至图5-44）（朱学稳等，1988）。因此，石盾一般的

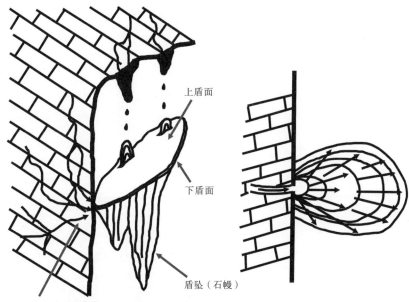

图5-41 石盾
形成模式图

上盾面

下盾面

盾坠（石幔）

局部承压性质的裂隙水

图5-42 桂林
阳朔兴坪的魔
鬼岩石盾

图5-43　桂林穿山洞的石盾

形态是由盾面和下垂的盾坠（石幔）组合而成。由于桂林峰林平原出露的灰岩以泥盆-石炭纪灰岩为主，且受多期构造运动影响，基岩裂隙相对发育，因此石盾较为常见。尤其以桂林阳朔兴坪魔鬼岩为多，狭窄的洞道中发育多个石盾，规模较罕见。

9. 穴珠

由滴水和池水协同沉积形成。穴珠一般由核心和外壳组成，核心多由泥质和方解石微晶组成，也有由石英碎屑、岩块、动物骨骼、树枝或气泡组成（图5-44、图5-45）。外壳由粒状或短柱状方解石组成，因含黏土物质的多少，呈现出同心层状构造。桂林的穴珠一般有3种成因类型：一是在地下河床浅水流动中生长；二是在洞中水塘或浅水池中生长；三是在不大的积水凹地或滴水石窝中生长。其形态有圆形、卵圆形、次圆形、短棒形、不规则形或葡萄状以及比较特殊的饼状（朱学稳等，1988）。另外，翁金桃和茹锦文（1982）的研究表明穴珠生长过程中不一定总是处于滚动状态，且桂林地区的穴珠大量形成于温暖潮湿的全新世中期。

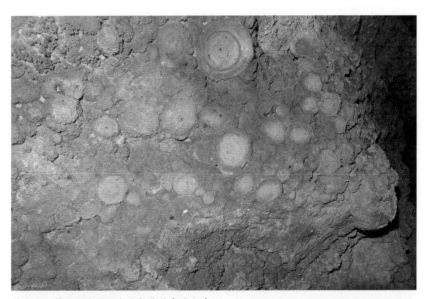

图5-44 桂林阳朔罗田大岩钙华层中的穴珠

图5-45 桂林阳朔葡萄报安山前洞的穴珠

三、桂林地区典型洞穴类型

桂林地区洞穴分布广泛，可谓"无山不洞，无洞不奇"。据统计，在2400平方千米的桂林岩溶区内，共有溶洞3000余个。洞穴类型多样，形态各异，大小不一，最为典型的洞穴类型有脚洞、穿洞、地下河洞穴和化石洞等。

1. 脚洞（foot cave）

脚洞是指在岩溶峰林平原、盆地和谷地中的石峰脚部沿水平地面发育的洞穴（图5-46）。由于峰林平原、盆地、谷地中分布的第四系黏土层形成相对隔水层，导致地表径流或地下水聚集于石峰脚下，并侵蚀、溶蚀碳酸盐岩，最终开凿形成水平型的洞穴。如果是地表径流从外溶蚀石峰脚部，则形成流入型脚洞（图5-47），流入型脚洞有时候只有在雨季才有地表水流，如龙母岩为一季节性的流入型脚洞（图5-48）。洞口石壁刻有"湘漓二水之源"六字。据北魏郦道元著《水经注·漓水篇》、宋代柳开著《湘漓二水说》、明代徐霞客著《徐霞客游记》等文献记载，认为龙母山附近是湘江和漓江的分水岭，二水同源，南北相离，由此得名湘江与漓江。最近，中国地质科学院岩溶地质研究所科研人员研究证实，海洋乡谷地存在地下分水岭，且其与谷地地形不一致，龙母岩地下水朝北径流，属于湘江水系。如果是地下水从石峰内部往外溶蚀，则形成流出型脚洞（图5-49）。这两种脚洞类型通常可以根据洞口的流痕、贝窝等指向流痕来判别。

在桂林峰林平原区，脚洞非常普遍，所谓"孤峰下有脚洞"，以流入型脚洞为主。脚洞洞道长度一般较短，其末端消水方式主要是由分支的裂隙、裂隙性管道或竖井导入地下。此外，地表水也会从石峰一侧脚洞流入，穿过山体，从另外一侧脚洞流出，形成水平的廊道式地下河，如桂林喀斯特世界自然遗产地葡萄峰林平原区青龙山大岩洞（图5-50）。

图5-46　地下水位降低后废弃的脚洞（桂林会仙）

图5-47　流入型脚洞

图5-48　桂林灵川县海洋乡龙母山下龙母岩

图5-49　流出型脚洞
（洞口修建有矩形堰，用于监测水流量变化）

图5-50　桂林喀斯特世界自然遗产地葡萄峰林平原区青龙山大岩洞
（地表水从石峰脚下的大岩洞流入，自北向南穿过山体流出）

通常石峰边缘四周会分布有多个流入型脚洞，形成脚洞系统，各脚洞在石峰内部相互连接。石峰若处于地势向心低洼处或周围有大面积黏土覆盖层时，常形成这类脚洞系统，如桂林市区"隐山六洞"（图2-36，图2-37）。《徐霞客游记》一书最早标注了隐山6个主要洞口的名称，简称"隐山六洞"，包括龙泉洞、朝阳洞、白雀洞、嘉莲洞、夕阳洞、南华洞。该游记记载了洞口的朝向，与现代科学仪器测量结果大概一致。另外，徐霞客还描述了"隐山六洞"的水文特点，他说"深入则六洞同流，五洞之底，皆交连中络，惟北塘则另辟一水窦"，这与现代研究也较为一致（图2-36）。

2. 穿洞（light through cave）

穿洞是指已经脱离或大部分已脱离地下水位的廊道式洞穴，其两端成开口状，并能透光（图5-51、图5-52）。穿洞长度一般不大，常呈圆拱形，其成因为受地壳抬升或侵蚀基准面下降而导致地下水位降低，

使得地下河、伏流、地下廊道和洞穴全部或大部分出露地表，且其洞道
两端发生侵蚀、崩塌而形成穿洞。如桂林象鼻山，因山形酷似一头伸着
鼻子汲饮漓江水的巨象而得名（图2-48）。在象鼻和前脚之间，因一组

图5-51　桂林南圩穿岩

图5-52　桂林阳朔月亮山

东南向延伸的垂直裂隙受河水长期溶蚀和侵蚀，形成一近圆形的穿洞，洞高8米，宽约6米。该洞如同一轮临水皓月，被称为水月洞。"象山水月"奇景已经成为桂林市的象征。在桂林峰林平原区，穿洞可分布于石峰的不同高度位置，而在峰丛洼地区，则分布在石峰较高处。由于能够透风，一些穿洞能为人们提供纳凉吹风的场所，在其洞壁上常见古人留下的碑刻遗迹，如桂林穿山公园月岩（图2-47）。穿山共有30多个溶洞，分布在山体不同高度的位置上，组成多层洞穴系统。这些洞穴都是由流水溶蚀、侵蚀而成，溶洞位置越高形成越早，越低形成越晚。月岩位于穿山的西侧，从远处看，形似一只大眼睛，远远望去，就像一轮明月，刚刚升起（图5-53）。该洞长28米，直径12米，洞底可容纳100多人。在穿山右侧有一座不大的石山，上有一个七层实心砖塔，故称塔山。

桂林七星公园龙隐洞同样为穿洞，龙隐洞位于漓江分汊小东江畔，洞长仅64米，高一般8～12米，宽8～20米，断面变化不大，是一条河谷边缘穿洞（图2-38）。龙隐洞最显著的特征是，其天顶上有一条形态生动的天沟，沟壁有波状流痕，状若龙鳞。天沟与洞体等长，根据沟中的流痕可知，天沟内的水流方向系自两端向中部汇集，故天沟可能形成于洞穴发育的早期。除天沟外，洞壁上还发育了许多锅穴、波状流痕、溶纹及溶蚀管等溶蚀形态。

根据野外观察，龙隐洞波状流痕见于西侧洞口及其36米深度内，其中分布于洞顶至高出洞底4米以上的洞壁上，由此表明古水流方向为自西口流向北口，而分布在约4米高度以内的溶纹则显示水流方向为自北口流向西口，这与今日小东江的流向一致。由此可以推断该洞穴可能是小东江地面水道旁侧的一个回流洞（图5-54）（朱学稳等，1988）。

在龙隐洞洞壁上保留了许多古石刻，其中右壁上有12幅唐宋石刻，最早者为894年所刻。由于受小东江上涨洪水的侵蚀影响，高出洞底1.5米以内的石刻已经受到不同程度的损毁。据石刻的溶蚀情况可知，千余年来洪水可达的高度约3.7米，且此范围内溶纹特别发育。

图5-53　桂林市区穿山月岩和塔山

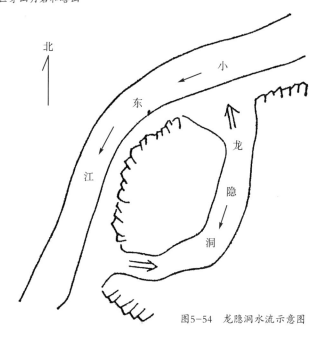

图5-54　龙隐洞水流示意图

3. 地下河洞穴（subterranean stream or river）

地下河也称暗河，是具有地表河流主要特性的地下径流排泄通道。地下河水流常具紊流运动特征，并有自己的汇水范围。地下河管道和洞穴，是在接近或位于地下水位处由溶蚀和侵蚀作用所造成，且常受地下水位变动影响，成全充水、半充水或干涸状态。在岩溶山区，地下河常常发源于峰丛洼地、盆地和谷地中的落水洞。地表水通过落水洞进入地下，形成伏流，而在沿地下管道流动途中也会接受包气带裂隙水或来自竖井、洼地漏斗、天窗的地表水逐渐补给，最后在地势较低的平原区或河流处流出。这里主要介绍落水洞、竖井、天窗和伏流。

（1）落水洞（sink hole）

落水洞也称消水洞，是地表水流向地下河的主要通道，由流水沿裂隙进行溶蚀、机械侵蚀作用及其坍塌而成（图5-55），主要分布于岩溶洼地、沟谷的底部，其形态不一，深度可达100米以上，宽度很少超过10米。

图5-55 桂林思和坡立谷落水洞

（2）竖井（shaft）

竖井是发育于渗流带的一种垂向深井状的通道，深度由数十米到数百米，其成因为地下水位下降，由落水洞进一步向下发育或洞穴顶板塌陷而成的（图5-2）。这类洞穴主要分布于峰丛山地中。

（3）天窗（cave window）

天窗就地下河或溶洞顶部通向地表的透光部分，由地表水溶蚀、侵蚀或洞顶崩塌所形成（图5-56、图5-57）。如寨底地下河响水岩天窗（图5-56），深约20米，直径约10米。

图5-56　桂林寨底地下河响水岩天窗

图5-57　桂林南圩穿岩天窗

（4）伏流（swallet stream）

伏流为地表河流经过地下的潜伏段，伏流洞道通常为全充水状态，只有使用潜水装备才可进入。伏流管道洞壁一般比较光滑陡直，多呈圆形或椭圆形断面。1985年，中英联合洞穴探险队对桂林冠岩地下河进行了潜水探测，发现从牛屎冲天窗至小河里明流段之间约3千米的通道是全充水管道，且地下河为"U"形倒虹吸管道。

在桂林岩溶区，特别是峰丛洼地区，分布着许多现代地下河洞穴，如桂林冠岩地下河系统（图4-16、图4-17）、寨底地下河系统等。这些洞穴通常具有以下特点：地下河集水面积大，洞穴规模大，组成地下河系统；洞穴的主支流形态分明，大小相差很大，主洞穴通道单一，断面形状和大小变化不大；通道的弯曲度较小，而比降较大，朝一个方向倾斜；各种承压素流及较快速水流条件下的溶蚀、侵蚀形态，如洞顶锅穴、洞壁窝穴等较为发育，而洞穴次生化学沉积物较少，尤其是滴石类石钟乳十分少见。

受气候变化、地势抬升或河流下切等引起的地下水位降低影响，许多地下河洞穴，特别是在出口段，也发育成为水陆结合的洞穴，其洞穴空间较大，或形成多层洞穴，其中上层洞穴也沉积有大量的洞穴次生化学沉积物，如桂林冠岩。

4. 化石洞

化石洞，即干陆洞或旱洞，主要是指已经脱离地下水位的洞穴，人可以经洞口进入。这类洞穴主要包括发育于渗流带中的洞穴，或是由早先的饱水带洞穴演化而来。在化石洞穴的演化过程中，因山体抬升或侵蚀基准面下降，地下水位降低，致使原来处于充水通道网中的某些通道作为渗流带的排水管道而继续发育，另一些通道被废弃而变干。如果某一通道在进入渗流阶段时就变得不活动，那么其断面形态仍保持原先的形状，为完好的圆形或椭圆形断面。如果某一通道底部继续发育有渗流水流，那么通道的上部为早期留下的椭圆形断面，下半部是切入洞穴底板的渗流峡谷，这种形状的断面以上大下小、上圆下狭的钥孔状断面最为典型（图5-58），如阳朔县的碧莲洞洞口形态（图5-59）。

在桂林峰林平原和峰丛洼地的石峰中均发育有大量的干洞穴，前人有"无山不洞"之说，这些洞穴分布于石峰的不同高度。在峰林平原区，洞穴以横向洞穴为主，且往往发育于汇水条件较好的较大连座石峰和峰簇中，多聚集于山体的中下部，即相对高出平原地面30～40米的高度范围内，单个洞穴或洞穴系统的长度大多在200米以内，如桂林七星岩。在峰丛洼地地区，旱洞主要为高层洞穴，如高出当地河面130～180米的兴坪罗田大岩，其洞体高大深邃（图2-11、图5-60）（朱学稳等，1988）。这些高层洞穴一般坍塌破坏严重（图2-18），有的呈穿洞残留，有的呈深度不大的喇叭状洞体。在桂林岩溶区，规模宏大的化石洞多为早期的地下河洞穴，地下河水主要源自早期峰林平原、岩溶谷地洪积层覆盖区的地面汇流及渗入补给，少部分来自山体本身。研究表明桂林峰丛区这类地下河洞穴的发育总是与来自碎屑岩地区的外源河流即外源水有重要关系。

图5-58 钥孔状洞穴断面

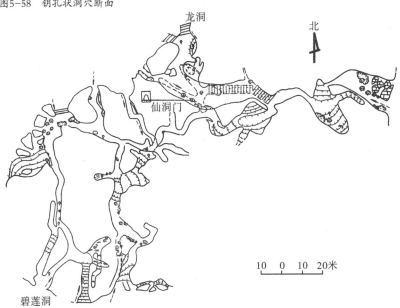

图5-59 桂林阳朔县碧莲洞迷宫式洞道结构

　　由于化石洞形成较早，且处于包气带内，其洞穴化学沉积物通常十分发育，往往有许多高大的石笋、石柱出现，如阳朔县兴坪罗田大岩有若干个高达40～50米的石柱。古地下河洞穴内常见粗的碎屑物质，如砾石、砂堆积物。另外，也常沉积有较厚的钙华层、穴珠层（图5-61、图5-62）。

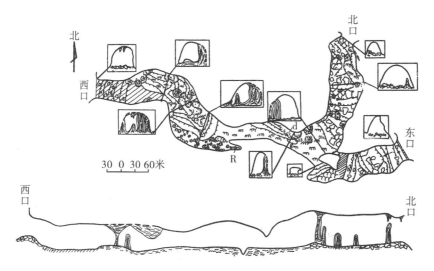

图5-60 桂林罗田大岩洞穴结构

5-61 罗田大岩石瀑布形成的钙华沉积

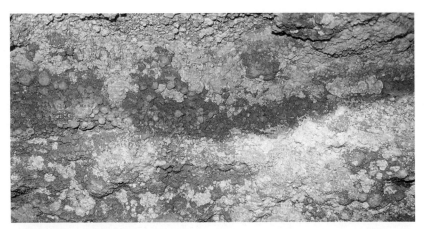

图5-62　罗田大岩洞内穴珠层

四、桂林著名洞穴

1. 七星岩

七星岩又称栖霞洞、碧虚岩和仙李岩等，位于桂林市区七星公园内的普陀山上（图5-63）。普陀山为峰林平原上的一簇北西向石峰，山体发育了许多洞穴，以七星岩洞穴系统规模最大。七星岩洞穴系统由上下两层洞穴通道组成，上层为干陆洞，被开发成旅游洞穴，游览入口为七星前岩（或栖霞岩），出口为人工疏通的天岩；下层为现代地下河，地下河水自豆芽岩流出（图2-13）。

七星岩洞穴系统发育于上泥盆统中上部的厚层块状亮晶粒屑灰岩中，地层倾角5°～15°。上层干陆洞长约1110米，高出当地枯水位25～35米；洞宽5～50米，一般15～25米；洞高5～20米，一般10米；洞底自南东向北西倾斜，比降约1%，有多处竖穴或塌坑与下层通道连接，深度可达27米以上。下层地下河长约1080米，其总的延长方向与上层洞穴大致相当，但在平面分布上，除个别地段外，并不与上层洞穴重叠。地下河洞道大部分沿普陀山南侧边缘而行，并有元风洞、曾公岩、黑岩、水岩等多处平原地表水补给（图5-64）（Zhu，1988）。

图5-63 七星岩洞口

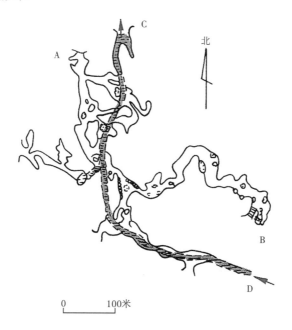

图5-64 七星岩洞穴结构平面图
（A、B为上层干洞洞穴，C、D为下层地下河）

七星岩上层洞穴内沉积物非常丰富，洞底沉积有数米厚的黄色黏土，以中部大厅分布最多，多数黏土表层被钙华板覆盖。据资料记载，七星岩洞口发现有砾石堆积层，指示上层洞穴也由地下河演变而来。古地下河沿着普陀山中近南北向、西北向和东北向的三组构造裂隙发育，并顺着岩层的层面溶蚀扩展，发育成较复杂的洞穴通道系统。后来，因地壳抬升或周围地表侵蚀，地下水位降低，原来的地下河洞穴演变成为干陆洞。其后，在漫长的岁月里，大气降水沿洞穴上覆岩石裂隙不断渗入，在洞内沉积了许多千姿百态的次生化学沉积物。次生化学沉积物以石钟乳、石笋、石柱、石瀑布、石带、流石坝、底钙板最为普遍，其形体多较粗大（图5-65、图5-66）。整个洞穴的天顶及侧壁上的溶蚀形态十分普遍，尤以波痕、窝穴、角石、边槽、石龛等最为显著。

现供游览的洞穴游程约814米，洞温常年保持在20摄氏度左右。溶洞分为6个洞天、35处景观，处处栩栩如生，形神兼备。整个岩洞雄奇深邃，如童话世界般瑰丽多姿，被誉为"神仙洞府"。早在1300年前，即从隋唐时代起，七星岩就已经成为旅游胜地，留下的题刻多达120多件。《徐霞客游记》曾记载"计前自栖霞达曾公岩，约径过者共二里，复自曾公岩入而出，约盘旋者共三里"。抗日战争时期，七星前岩曾作为桂林保卫战的临时指挥所，为纪念在这次战役中牺牲的抗日英烈，在普陀山博望坪建有"八百壮士墓"。

2. 芦笛岩

芦笛岩位于桂林市西北桃花江右岸的茅头山（又称光明山）南侧，山体出露地层为上泥盆统融县组上部亮晶砂屑灰岩、残余微晶砂屑灰岩和泥晶灰岩，地层产状平缓，大致向北西倾斜，倾角在15度以下。洞穴发育于一组东北向与近东西向交错的断裂带内，洞口海拔为176米，洞穴顶板厚度自南向北增大，为10～150米。

芦笛岩洞穴形如囊状，深240米，宽50～90米，高多在10米以上，最高达18米。洞穴由一个14900平方米大的巨大洞厅和几个小的支洞组

图5-65　七星岩钟乳石、石笋

图5-66　七星岩边石坝

成。东南支洞为一通往地面的落水洞型支洞，东北支洞呈裂隙状，有向下发育很深的竖向落水洞（图5-67）。洞穴内发育了大量次生化学沉积物，主要为滴石类，尤以石笋最为发育，其次为壁流石类，如石幕、石瀑布、石带等。洞穴岩壁溶蚀形态较为不发育（Zhu，1988）。

　　芦笛岩是桂林最负盛名的游览洞穴之一。洞穴游程近500米，是一处景致高度集中、景物极尽造化的神奇游览佳境。洞中琳琅满目的石钟乳、石笋、石柱（图5-68）、石幔、石盾拟人状物，惟妙惟肖，构成了30多处美妙景观，"圆顶蚊帐"（图5-69）"高峡飞瀑""盘龙宝塔""原始森林""帘外云山""水晶宫"（图5-70）"雄狮送客"（图5-71）等景景相依，景景相连，可谓移步成景，步移景换。整个岩洞犹如一座用宝石、珊瑚、翡翠雕砌而成的宏伟、壮丽的地下宫殿。因此，芦笛岩也被人们誉为"地下艺术之宫"。

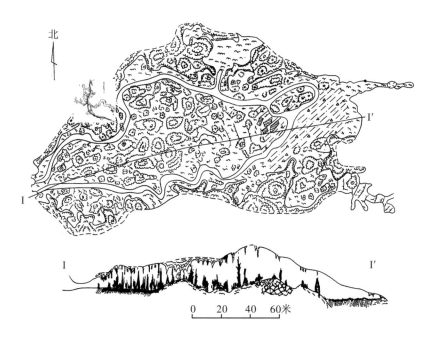

图5-67　芦笛岩洞穴结构平面图

图5-68　芦笛岩石柱

图5-69　芦笛岩"圆顶蚊帐"

图5-70 竹香岩"水晶宫"

图5-71　芦笛岩"雄狮送客"

3. 冠岩

冠岩位于桂林南29千米的草坪乡，所在山体名为冠山，因其山形似一顶古代帝王佩戴的紫金冠而得名（图2-14、图5-72）。冠山矗立于漓

图5-72 漓江边冠岩山体

江东岸，山顶海拔273米，高出漓江水面约140米。冠岩是桂林附近最大的地下河洞穴，1985年由中英联合洞穴探险队探测，全长约13千米，发源于桂林东面的海洋山来华岭碎屑岩地区，自南圩岩溶谷地穿岩落水洞

潜入地下，至小河里岩流出地表，明流700米后又没入地下，最后自冠山脚下流出，排入漓江（图4-17）。冠岩地下河系统自上游至下游可划分为穿岩、小河里岩和冠岩三段。目前，已开发的洞穴为其靠近漓江的冠岩一段，长约3千米，包括地下河和旱洞2部分。

冠岩地下河主要发育于中、下泥盆统灰岩地层中，岩层产状较为平缓，倾角为10°～20°。冠岩段长度约为3828米，洞宽8～15米，最宽处为53.3米，洞高10～25米，最高达50米。洞穴具有层楼状的空间结构特征，主要由3层水平通道组成（图5-73）（张任，1999）。最高一层由于形成年代最早，几乎已被后期崩塌作用破坏殆尽，现仅在吊岩通道与石盾通道交接处上部有部分残存，长50米，高出第二层通道11米。第二层干洞又称安吉岩，洞长2350米，高于下层地下河洞20米左右，洞穴的包气带特征突出，横断面以似三角形为主，崩塌现象显著，次生化学沉积物分布较为集中，以大型棕榈状石笋和流石坝为其特色（图5-74至图5-76）。

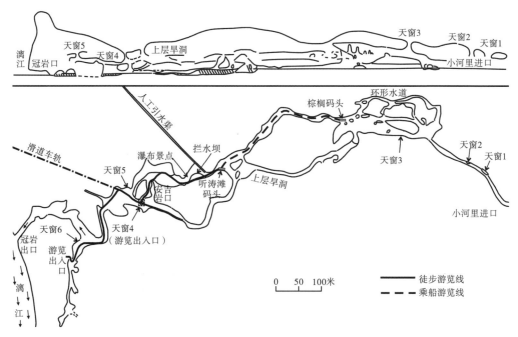

图5-73　冠岩洞穴结构剖面图和平面图

图5-74 冠岩棕榈状石笋——"生命之花"

图5-75 冠岩钟乳石、石笋

图5-76 冠岩巨型石笋

第三层为现代地下河管道，长1427米，多跌水陡坎和急流深潭（图5-77），纵断面表现为自由水面廊道与全充水虹吸管道相间分布。各层水平通道在平面上时而平行、时而交错、时而重叠，并在多处以天窗和崩塌大厅相互连接，加上诸多分支通道与环形通道，使得冠岩成为桂林地区最为复杂的大型洞穴系统。

图5-77　冠岩地下河瀑布

冠岩地下河洞穴自古就是桂林有名的旅游溶洞之一。明代徐霞客曾经两次到冠岩幽洞考察，并在其游记中记载有"舟转西北向，又三里，为冠岩山。上突崖层出，俨若朝冠。北面山麓，则穿洞西向临江，水自中出，外与江通。棹舟而入，洞门甚高，而内更宏朗，悉悬乳柱，惜通流之窦下伏，无从远溯"。而明代蔡文的一首《冠岩·七绝》"洞府深深映水开，幽花怪石白云堆。中有一脉清流出，不识源从何处来"，更是道出了冠岩的神奇。

4. 荔浦银子岩

银子岩位于桂林市荔浦县马岭镇321国道旁，距桂林85千米。银子岩是桂林地区最著名的旅游洞穴之一，因洞内次生碳酸盐沉积物晶莹剔透、洁白无瑕，宛如夜空的银河倾泻而下，像银子般闪烁，似锆石的光芒，而得名。自从被发现以来，银子岩洞穴景观以雄、奇、幽、美独领风骚，被国内外洞穴专家称为"世界岩溶艺术宝库"。

银子岩洞穴贯穿12座山峰，主要发育于中下泥盆统灰岩中。洞穴沿北西、北东两组扭性断裂发育，形成了规模较大层楼式溶洞，可划分为上、中、下3层。上层洞穴靠近山顶，洞口海拔350米，规模较小。中层溶洞发育规模最大，洞口位于半山腰，海拔262米，洞穴长度大于967米，银子岩的美景主要发育在这层洞穴中。下层洞穴与地面向平，海拔145米，为现代地下河管道，地下河出口估计流量大于50升/秒（图5-78）。

现已开发游程约2千米，洞幽景奇，瑰丽壮观，各种类型的钟乳石、石笋、石柱、石幔、石帘、石旗、边石坝等洞穴沉积物景观，应接不暇、千姿百态。洞内拥有特色景点数十个，以"三绝"——"音乐石屏"（图5-79）、"雪山飞瀑"（图5-80）、"瑶池仙境"（图5-81）和"三宝"——"独柱擎天"（图5-82）、"佛祖论经"（图5-83）、"混元珍珠伞"（图5-84）等景点为代表，栩栩如生，形象逼真，令无数游客拍案叫绝，不得不感叹大自然的鬼斧神工。下层地下河潜山蜿蜒而来，长约6千米，河水清澈、游鱼可数，沿河两岸景点绚丽多姿，乘舟漂游可达岩外青湖。

图5-78 银子岩洞穴平面图

图5-79 银子岩"三绝"——"音乐石屏"

图5-80 银子岩"三绝"——"雪山飞瀑"

图 5-81 银子岩 "三绝" —— "瑶池仙境"

图5-82　银子岩
"独柱擎天"

图5-83 银子岩"三宝"——
"佛祖论经"

图5-84 银子岩"三宝"——"混元珍珠伞"

第六章

桂林山水与文化

　　桂林是一座文化古城，有着两千多年的建城史，三万多年的人居史，深厚的历史沉淀，使它具有丰厚的文化底蕴。自秦始皇一统天下，开凿灵渠，沟通湘江和漓江，桂林便成为南通海域、北达中原的重镇。宋代以后，它一直是广西政治、经济、文化的中心，号称"西南会府"，直到新中国成立。在漫漫历史长河中，桂林的奇山秀水吸引着无数的文人墨客，写下了许多脍炙人口的诗篇和文章，刻下了2000多件石刻和壁书，历史还在这里留下了许多古迹遗址。陈毅元帅诗云："愿作桂林人，不愿作神仙。"桂林的山水养育了桂林人民，桂林的文化让桂林山水更有灵气。

　　从文化和旅游的视角来看，桂林山水的形成所包含的众多科学元素能够成为重要的旅游资源，被公众所分享。桂林山水的形成经历了亿万年的历史，每一块岩石、每一座山峰、每一个洞穴都历经千万年的变化。当我们走进洞穴，抬头仰望洞顶的石钟乳，或者站在独秀峰上远眺群山绵绵之际，一定要意识到大自然创造出它们所经历的复杂历史，心存敬畏地欣赏美景，领略其奇妙之处。

一、桂林洞穴与古人类

　　天然洞穴为古代生物和人类提供庇护和生活的重要场所，故洞穴中常常保存许多古生物、古人类的化石及其文化遗存等，成为考古学家研究生物、人类演化和迁徙以及古文明发展的重要宝库。桂林岩溶地区分布着众多洞穴，其中许多洞穴中都发现了古人类化石或遗存。据文物普查数据，桂林岩溶地区共发现洞穴遗址达70余处（图6-1）（韦军，2010）。其中，在桂林甑皮岩、宝积岩、轿子岩、庙岩、太平岩和大岩等洞穴中发现有哺乳动物和古人类化石、石器、陶器、骨器、蚌器或其他遗存等。古人类遗迹的时间跨度涵盖了旧石器晚期到新石器晚期，其中最著名的是甑皮岩遗址。

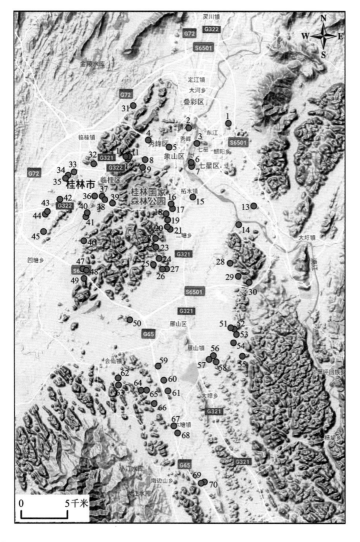

1. 观音岩；2. 宝积岩；3. 丹桂岩；4. 中隐山岩；5. 牯牛洞；6. 媳妇岩；7. 上岩；8. 琴潭岩；9. 菩萨岩；10. 释迦岩；11. 轿子岩；12. 鼻子岩；13. 铁山岩；14. 父子岩；15. 平山岩；16. 甑皮岩；17. 朝桂岩；18. 马鞍山岩；19. 火灰岩；20. 雷神庙岩；21. 琴头岩；22. 象鼻岩；23. 后背山岩；24. 钝头岩；25. 烂桥堡岩；26. 唐僧山岩；27. 肚里岩；28. 牛鼻塘岩；29. 大岩口；30. 白竹境斋公岩；31. 新岩；32. 东椅岩；33. 神山庙岩；34. 狮子岩；35. 塘后岩；36. 凤凰山庙岩；37. 螺蛳岩；38. 背联山丁字岩；39. 侯寨岩；40. 太平岩；41. 大岩；42. 穿岩；43. 山埠头大岩；44. 山埠头西侧岩；45. 牛栏岩；46. 铜钱岩；47. 纺纱岩；48. 勒岩山菩萨岩；49. 背山岩；50. 暴口岩；51. 庙岩；52. 寺岩；53. 安子山岩；54. 庵山岩；55. 志山岩；56. 廖家山岩；57. 牛栏洞；58. 猫山岩；59. 大稷岩；60. 看鸡岩；61. 青龙岩；62. 船山大窑岩；63. 油雨山岩；64. 崩山岩；65. 汉山岩；66. 羊蹄山斋岩；67. 岩底山穿岩；68. 观音山山厦；69. 后背山小岩；70. 后背山大岩

图6-1　桂林谷地史前洞穴遗址分布图

　　甑皮岩位于桂林市南郊峰林平原上的一座石峰——独山脚下，是我国发现古人类遗迹最多、保存最完整的洞穴遗址之一，也是华南乃至东南亚地区新石器时代洞穴遗址的典型代表（图2-39）。该遗址于1965年文物普查时被发现，1973年进行了首次发掘，2001年再次发掘，建有桂林甑皮岩遗址博物馆，被列为全国重点文物保护单位，2013年成为华南地区唯一的国家考古遗址公园。

　　洞穴发育于上泥盆统石灰岩中，沿西北—东南方向延伸，洞口朝向西南，由主洞及两侧的矮洞和水洞组成。主洞呈喇叭口状，洞口宽约13米，洞高3～5米，向里渐低，洞内面积约200平方千米。洞底较平坦，洞口底部高出洞外低地1.5米。水洞为一地下河出露口，水面宽4米，水深大于2米，枯水期水位比主洞洞底低2～3米（图2-39、图6-2）。

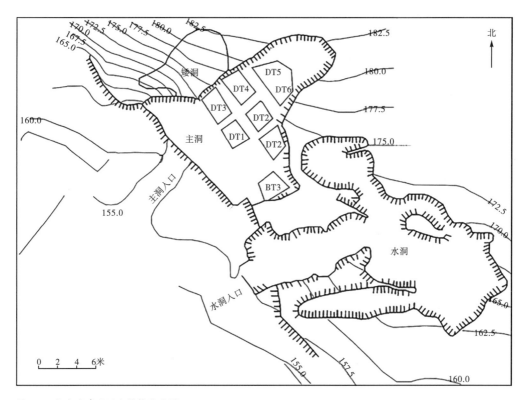

图6-2　甑皮岩遗址洞穴结构平面图

　　遗址的古人类文化层主要位于主洞中，其次为矮洞，水洞口两侧有少量文化堆积。主洞内文化层厚度达3米（图2-39）。历次调查和发掘中共发现了27座人类墓葬、1处石器加工点及火塘、灰坑等生活遗迹，出土打制和磨制石器、穿孔石器、骨器、角器、蚌器数百件（图6-3），捏制和泥片贴筑的夹、砂和泥质陶器残片上万件，以及大量古人类食后遗弃的各种骨、蚌、螺壳等（中国社会科学院考古研究所等，2003）。从文化层中恢复的动植物有数百种，其中动物种类达113种之多，一种特别的鸟类被命名为"桂林广西鸟"。

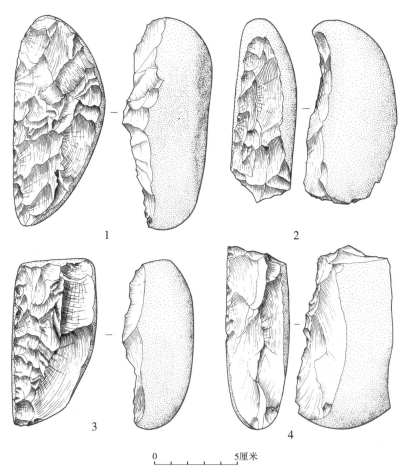

0 ————————— 5厘米

1. 灰黑色粉砂岩；2. 浅黄色石英粉砂岩；3. 灰绿色粉砂岩；4. 细粒石英砂岩

图6-3　甑皮岩遗址出土的旧石器

据张美良等（2011）研究推测，甑皮岩洞穴大概形成于距今3万～4万年期间。通过对文化堆积层中的陶片、木炭、古动物化石和顶部钙华板进行测年，表明遗址文化层从距今12500年左右开始堆积，并于7 600年结束，持续时间长达5000年。根据各种测年结果，可以将甑皮岩史前文化遗存分为5期，第一期距今12500～11400年，第二、第三、第四期处于距今11000～9000年，第五期为距今8800～7600年（中国社会科学院考古研究所等，2003）。

甑皮岩中发现和发掘的遗迹和遗物众多，其文化内涵涉及原始人类演化和迁徙、原始制陶、原始农业、原始驯养业的起源、史前文化发展和交流等一系列重大课题。桂林甑皮岩遗址博物馆考古人员对出土的头骨进行了研究，认为甑皮岩新石器时代居民基本属于蒙古人种，在一定程度上承袭了旧石器时代晚期柳江人的特征，且与现代华南人和东南亚人有明显的接近关系，由此也表明甑皮岩人可能是现代东南亚人的古老祖先之一（图6-4）。甑皮岩先民葬俗以"屈肢蹲葬"为主，与我国黄河、长江流域甚至东南沿海等地在新石器时代所盛行的"抑身直肢葬"不同，这为探讨华南古代民族的起源和原始习俗提供了珍贵的实物例证。

图6-4　甑皮岩新石器时代早期出土颅骨复原的三维头像

甑皮岩遗址最著名的考古发现就是在第一期文化层堆积中发现了原始的陶雏器碎片，由此使得甑皮岩成为最早的陶器起源地之一。这些早期陶器由砂和泥土双料制成，采用捏制成型，烧成温度极低，尚未完全陶化，部分表面可见绳纹，代表了最古老的制陶技术（图6-5）（中国社会科学院考古研究所等，2003）。研究人员认为甑皮岩早期陶器的出现可能与烹煮螺蛳的需要有关（图6-6）。中国社会科学院考古研究所等单位一致认为，甑皮岩先民是具有高智商的智慧人，双料混炼技术是万年前人类的发明，桂林是万年人类智慧圣地。

图6-5　甑皮岩遗址第一期文化层出土的陶雏器碎片

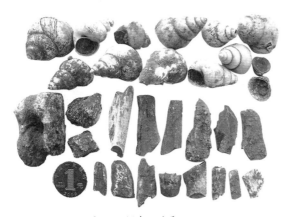

图6-6　螺壳、兽骨化石

　　甑皮岩人在甑皮岩和其他洞穴里居住了至少5000年，在距今7000年前，他们却离开了甑皮岩，离开了桂林谷地，向南部迁徙。漆招进（2004）认为其原因可能是5000年来堆积的垃圾使甑皮岩逐渐变矮，越来越不方便居住。干栏的发明，使甑皮岩人逐步放弃穴居；洞内的积水使人类最终放弃甑皮岩。来自湖南洞庭湖地区的农业部族扩张，打败了甑皮岩人，广西南部地区和东南亚半岛可能是他们迁徙的主要目的地。

　　由于甑皮岩属于脚洞型洞穴，洞内遗址受到地质环境，尤其是地下水的影响。季节性的地下河涨水，使得地下水自水洞进入主洞、矮洞，浸没文化土层。洞顶渗漏滴水也对遗址造成损坏（图6-7）。最近，中国地质科学院岩溶地质研究所的科研人员还发现，甑皮岩附近的地表污水进入地下后，流经洞穴下方含水层，地下水携带的大量硫酸盐能够被还原成硫化氢气体，从而溶蚀遗址周围碳酸盐岩，严重威胁遗址的安全。因此，必须采取一定的工程措施，并进行相关的科学研究，以有效地保护遗址的安全。

图6-7　雨季甑皮岩遗址被地下水浸泡

二、桂林山水诗

灵动的水，挺拔的山，让仁者赏心，让智者悦目。桂林山水饱含桂林的思想与文化，山水与文化有着天然的不解之缘。山水蕴育了文化，文化增添了山水的灵气。桂林山水蕴育了桂林文化的根基与源泉，桂林文化滋润了桂林山水的精神与韵味。秀丽山水与文人墨客相得益彰，相映生辉。甲天下的山水与忧天下的文人带给桂林文坛悠远的思索、无尽的话题，跟随文人墨客的足迹，可以品读桂林山水的丰富文化。

1. 诗词

桂林作为一座有2000多年历史的文化名城，历代文人深深折服于桂林山水之美。至今表现桂林山水的诗歌总共有5000多首，其中以明清时期的最多。

最早的诗歌可以追溯到东汉时期张衡所作的《四愁诗》。

四愁诗

我所思兮在太山。

欲往从之梁父艰，侧身东望涕沾翰。

美人赠我金错刀，何以报之英琼瑶。

路远莫致倚逍遥，何为怀忧心烦劳。

我所思兮在桂林。

欲往从之湘水深，侧身南望涕沾襟。

美人赠我琴琅玕，何以报之双玉盘。

路远莫致倚惆怅，何为怀忧心烦伤。

我所思兮在汉阳。

欲往从之陇阪长，侧身西望涕沾裳。

美人赠我貂襜褕，何以报之明月珠。

路远莫致倚踟蹰，何为怀忧心烦纡。

我所思兮在雁门。

欲往从之雪雰雰，侧身北望涕沾巾。

美人赠我锦绣段，何以报之青玉案。

路远莫致倚增叹，何为怀忧心烦惋。

到了唐代，我国诗歌的鼎盛时期，虽然桂林地处边疆，远离中原，但也阻挡不了桂林成为诗人们留下经典诗歌的山水圣地。其中以送别诗最多，如杜甫、王昌龄、韩愈等在此为友人作了多首送别诗。

"诗圣"杜甫在桂林作诗《寄杨五桂州》，道出了桂林的宜人景色。

寄杨五桂州

五岭皆炎热，宜人独桂林。

梅花千里外，雪片一冬深。

闻此宽相忆，为邦复好音。

江边送孙楚，远附白头吟。

边塞诗人王昌龄作送别诗三首：

送谭八之桂林

客心仍在楚，江馆复临湘。

别意猿鸟外，天寒桂水长。

送高三之桂林

留君夜饮对潇湘，从此归舟客梦长。

岭上梅花侵雪暗，归时还拂桂花香。

送任五之桂林

楚客醉孤舟，越水将引棹。

山为两乡别，月带千里貌。

羁谴同缯纶，僻幽闻虎豹。

桂林寒色在，苦节知所效。

唐代诗人李渤在南溪山作送别诗三首：

南溪诗

玄岩丽南溪，新泉发幽色。

岩泉孕灵秀，云烟纷崖壁。

斜峰信天插，奇洞固神辟。

窈窕去未穷，环回势难极。

玉池似无水，玄井昏不测。

仙户掩复开，乳膏凝更滴。

丹砂有遗址，石径无留迹。

南眺苍梧云，北望洞庭客。

萧条风烟外，爽朗形神寂。

若值浮丘翁，从此谢尘役。

留别南溪二首

常叹春泉去不回，我今此去更难来。

欲知别后留情处，手种岩花次第开。

如云不厌苍梧远，似雁逢春又北归。

惟有隐山溪上月，年年相望两依依。

桂林叹雁

三朝四黜倦退征，往复皆愁万里程。

尔解分飞却回去，我方从此向南行。

此外，有关桂林的送别诗还有唐代诗人李群玉的《送萧缩之桂林》、唐代译经僧义净的《玄逵律师言离广府还望桂林去留怆然自述赠怀》、唐代诗人许浑的《送杜秀才归桂林》以及唐代诗人杨衡的《送公孙器自桂林归蜀》等。许多诗人来到桂林，多被桂林山水的秀美所折服，于是留下了很多以桂林山水风景为题材的绝美篇章。

2. 对联

与诗词相比，对联也是桂林文风的主要体现形式。古往今来的桂林游人，面对桂林山水、亭台楼阁、洞穴深潭，总是忍不住题字作联，所以留下了很多对联，现在桂林多个景点都有名人留下的经典对联。

（1）叠彩山

清代张祥河于叠彩山山腰题风洞一联云："到清凉境；生欢喜心。"清代梁章钜题桂林叠彩山中福亭："粉墙丹桂动光影；高崖巨壁争开张。"徐宗培题桂林叠彩山望江亭："千古江流环槛绕；万重山色上城来。"叠彩山望江亭也有对联："山静水流开画景；鸢飞鱼跃悟天机。""郁郁佳气；泱泱大风。"谢光绮题叠彩山一拳亭："四望山深藏古刹；一拳石老跨虚亭。"张祥河题叠彩山元常侍清赏处，位于风洞侧："漓江酒绿招凉去；常侍诗清赏雨来。"梁章钜题叠彩山中福亭："金碧焕楼台，远眺盘龙，近招白鹤；烟云生几席，风来北牖，亭对南熏。"梁章钜题叠彩山景风阁："林间虚室足觞咏；山外清流无古今。"叠彩山景风阁上也有"莐相名王传静土；云华黛影绚精蓝""谁作画图传韵事；我来清赏溯名流"的对联。方月樵题叠彩山圣寿寺："鹫岭记曾经，忆前身是金粟如来，好趁美景良辰，把酒问天边明月；鸾骖真不羡，谈宦迹到莲花世界，何限诗情画意，凭栏看江上晴霞。"林素园题叠彩山风洞壁马相伯像："心赤貌慈，人瑞人师；形神宛在，弥坚弥高。"

（2）独秀峰

清代廖鸿熙称赞独秀峰："撑天凌日月，插地震山河。"梁章钜赞独秀峰："户外一峰秀，窗前万木低。"同时题独秀峰五咏堂："得地领群峰，目极舜洞尧山而外；登堂怀往哲，人在鸿轩凤举之中。""胜地如画图，是贤守遗区，雄藩旧馆；灵山托文字，有叔齐作记，孟简题名。"清道光十四年，按察使者阿勒清阿赞独秀峰："烟景纵观开眼界，峰峦直峙近云天。"清道光年间余小霞也有一联咏五咏堂："异代景前修，想石榻摊书，竹林怀友；新堂还旧观，对半潭秋水，一柱奇峰。"清代黄国材书独秀峰南天门："一枝铁笔千钧重；四字丹书五丈长。"卞斌题独秀峰五咏堂："胜境重开，诗彩书声延古趣；生机最乐，雀喧鱼戏助天和。""光禄诗，文节书，大府未时一胜境；王公冕，将军画，名山何日得重游。"吕月沧题秀峰书院讲堂："先有本而后有文，读三代两汉之书，养其根，俟其实；舍希贤莫由希圣，守先正大儒之说，尊所闻，行所知。"王惟诚题独秀峰五咏堂："造物本无私，移来槛外烟云，适开胜境；会心原不远，就此眼前山水，犹见古人。"张祥河题独秀峰五咏堂："雄藩胜览曾开圃；太守风流尚读书。"余应松题位于独秀峰北麓的月牙池："异代景前修，想石榻摊书，竹林怀友；新堂还旧观，对半潭秋水，一柱奇峰。"王力题独秀峰月牙池："过五岭，近月牙，秀水花桥竞秀色；傍七星，邻象鼻，层峦叠彩占春光。"刘定逌题秀峰书院："于三纲五常中，力尽一分，就算一分真事业；向六经四子中，尚论千古，才识千古大文章。"

（3）象鼻山

清代朱棨题联云："水月尽文章，会心时原不在远；星云灿魁斗，钟灵处定非偶然。"清嘉庆年间阳呈南为钵园大门题一联云："眼底双峰，玉洞风尤凭领取；指南一卷，铁琴门户任推敲。"清代王鹏运为三里亭书一联云："五岭春明堪驻马，四山云雾听鸣鸡。"清康熙年间任广西左江道分巡的陈斌如题楹联："江流横万里，天柱插三峰。"清代罗植珊在1894年游览隐山时创作："此去道非常道，其中元之又元。"

（4）龙隐洞

龙隐洞位于东七星山瑶光峰山脚百尺悬崖，洞西南通透，一壁插入小东江中，洞顶有一条石槽，像神龙飞去后留下的全身痕迹，故名龙隐洞。方信儒题龙隐洞："石上刻参鳞甲动；眼中在处画图开。"康有为的弟子刘德宜与康有为在北京参加维新变法失败后，流落到桂林，在游览龙隐洞时，有感而发："龙从何处飞来？看秀峰对峙，漓水前横，终当际会风云，破浪不尝居此地；隐是伊谁偕汝？喜旁倚月牙，下临象鼻，莫便奔腾湖海，幽栖聊为寄闲身。"

（5）月牙山

月牙山位于桂林市东，又名月牙岩，古有"叠彩七星烟霞路；白云黄鹤岳阳楼"的美誉。王力题月牙山小广寒楼："甲天下名不虚传：奇似黄山，幽如青岛，雅同赤壁，佳似紫金，高若鹫峰，穆方牯岭，妙逾雁荡，古比虎丘，激动着倜傥豪情。志奋鲲鹏，思存霄汉，目空培嵝，胸涤尘埃，心旷神怡消垒块；冠寰球人皆向往，振衣独秀，探隐七星，寄傲伏波，放歌叠彩，泛舟象鼻，品茗月牙，赏雨花桥，赋诗芦笛，引起了联翩遐想。农甘陇亩，士乐缥缃，工展鸿图，商操胜算，河清海晏庆升平。"

（6）七星岩

七星岩位于东普陀山西侧山腰，又名栖霞洞，有"云埋大壑封秦树；雷劈阴岩见禹碑"之说。马君武题七星岩普陀精舍："城东佳景，常绕梦魂，叹半生飘零，遂与名山成久别；岭表旧都，屡经离乱，望故乡英俊，共筹长策致升平。"范时崇题七星岩碧虚亭："先文穆风流宛在；家学士邱壑偶然。"王鹏运题七星岩三里亭："五岭春明堪驻马；四山云雾听鸣鸠。"闵叙集句题栖霞寺："白云四壁合；青霭人看无。"

（7）阳朔

关于阳朔的对联，主要集中在阳朔公园、阳朔寿阳书院等。阳朔寿阳书院为清道光十六年知县吴德征创建，余应松为阳朔寿阳书院题词："文笔耸层霄，爱此间对万壑萦回，教化由来先党序；书楼崇讲席，愿多士做千秋事业，显扬不仅为科名。"黄嗣徽为阳朔寿阳书院题词："科目开自大中，更期继起有人，议谥当如祠部直；山水甲于天下，何幸宦游到此，论文因悟史迁奇。"王大令题帜山楼："簪山带水最奇处；风户云梁独上时。"帜山楼位于城西，原名寿阳公园，现为阳朔公园。

3. 近现代诗与散文

描写桂林山水的近现代诗最美的莫过于贺敬之的《桂林山水歌》，被选入中小学语文课本，唱出了全国人民对桂林山水的向往。

桂林山水歌

云中的神啊，雾中的仙，

神姿仙态桂林的山！

情一样深啊，梦一样美，

如情似梦漓江的水！

水几重啊，山几重？

水绕山环桂林城……

是山城啊，是水城？

都在青山绿水中……

啊！此山此水入胸怀，

此时此身何处来？

……黄河的浪涛塞外的风。

此来关山千万重。

马鞍上梦见沙盘上画：

"桂林山水甲天下"……

啊！是梦境啊，是仙境？

此时身在独秀峰！

心是醉啊，还是醒？

水迎山接入画屏！

画中画——漓江照我身千影，

歌中歌——山山应我响回声……

招手相问老人山，

云罩江山几万年？

——伏波山下还珠洞，

室珠久等叩门声……

鸡笼山一唱屏风开，

绿水白帆红旗来！

大地的愁容春雨洗，

请看穿山明镜里——

啊！桂林的山来漓江的水——

祖国的笑容这样美！

桂林山水入胸襟，

此景此情战士的心——

是诗情啊，是爱情？

都在漓江春水中！

三花酒掺一份漓江水，

祖国啊，对你的爱情百年醉……

江山多娇人多情，

使我白发永不生！

对此江山人自豪，

使我青春永不老！

七星岩去赴神仙会，

招呼刘三姐啊打从天上回……

人间天上大路开，

要唱新歌随我来！

三姐的山歌十万八千箩，

战士呵，指点江山唱祖国……

红旗万梭织锦绣，

海北天南一望收！

塞外的风沙呵黄河的浪，

春光万里到故乡。

红旗下：少年英雄遍地生——

望不尽：千姿万态"独秀峰"！

——意满怀呵，情满胸，

恰似漓江春水浓！

呵！汗雨挥洒彩笔画：

桂林山水——满天下！……

还有被选入小学课本的陈淼的散文《桂林山水》。

桂林山水

人们都说："桂林山水甲天下。"我们乘着木船荡漾在漓江上，来观赏桂林的山水。

我看见过波澜壮阔的大海，观赏过水平如镜的西湖，却从没看见过漓江这样的水。漓江的水真静啊，静得让你感觉不到它在流动；漓江的水真清啊，清得可以看见江底的沙石；漓江的水真绿啊，绿得仿佛那是一块无瑕的翡翠。船桨激起微波，扩散出一道道水纹，才让你感觉到，船在前进，岸在后移。

我攀登过峰峦雄伟的泰山，游览过红叶似火的香山，却从没看见过桂林这一带的山。桂林的山真奇啊，一座座拔地而起，各不相连，像老人，像巨象，像骆驼，奇峰罗列，形态万千；桂林的山真秀啊，像翠绿的屏障，像新生的竹笋，色彩明丽，倒映水中；桂林的山真险啊，危峰兀立，怪石嶙峋，好像一不小心就会栽倒下来。

这样的山围绕着这样的水，这样的水倒映着这样的山，再加上空中云雾迷蒙，山间绿树红花，江上竹筏小舟，让你感到像是走进了连绵不断的画卷，真是"舟行碧波上，人在画中游"（图6-8）。

三、桂林山水画

桂林山水画以山水景观为依托，承载、渗透着几千年积淀的文化内涵。用中国传统绘画水墨交融的形式表现桂林山水的意韵，突破形式而追求生命内蕴。体验生命精神，将自然山水的实际形态依据主观精神世界的审美去创造，充分体现自然资源与人文情愫的有机结合。

2000多年来，桂林山水以其独有的意韵吸引着历代文人骚客驻足流连于此，造就了独具一格的人文景观。自公元400年后南朝宋颜延之开始，历代文人大家如唐代的杜甫、韩愈、柳宗元、白居易、李商隐，宋代的黄庭坚、范成大、米元章，元明清以降，更是举不胜举，纷纷到此游览名山佳水，留下诸多称颂桂林的诗文墨迹，真可谓曲尽其趣。唐朝诗人韩愈在水月洞中留下"江作青罗带，山如碧玉簪"的千古名句；明代俞安期泛舟漓江留下"高眠翻爱漓江路，枕底涛声枕上山"的佳句。桂岭晴岚、营洲烟雨、尧山冬雪……桂林处处皆胜景，可叹"无从学得王维手，画取千峰万壑归"。

但是对这秀美的桂林山水作丹青留影的可谓屈指可数，且历史上描绘桂林山水的作品究竟于何时出现，由于画迹失传，文献不足征，今则未能遽下断语。可考的最早记载是在约1000年前的宋朝。北宋的米芾，在1070～1075年任临桂县尉，其画作《阳朔山图》绘于他任临桂县尉期间，失传于明末，多有复制品流传，今存世者之有邹迪光《阳朔山图卷》。

我们现在能看到的只有清代罗辰的《桂林山水图》木版画册，他不仅画桂林名胜，而且画桂林周围的兴安、永福、临桂各县属的名山胜迹。他一生喜作桂林山水诗画，《中国历代人名大词典》《清画家史诗》等典籍均有他的传记，他也被人誉为"漓江三绝"。其所画桂林山水虽仍规范于"四王"之中，却精于布置，疏淡有致。其父罗存理，自号五岳游人，亦是清代广西著名的画家之一，擅长山水画，尤以画桂林山水为出色。其女罗杏初也擅长绘画，故有"罗氏一门三代风雅"之美誉。

悠久的历史、如画的风景为桂林山水画构建了广阔的发展平台。"清初四僧"之一的石涛就出生在桂林。他的"搜尽奇峰打草稿"不知指引过多少后代画家。

清末之后，桂林山水画创作进入了一个相对"兴盛"的时期。

图6-8　桂林山水之人在画中游

20世纪前叶和中叶，尤其是抗日战争期间，由于大量画家来桂，桂林文艺活动盛极一时，成为令人瞩目的"抗战文化城"，以桂林山水为题材的作品层出不穷。初期有陈树人，高剑父、高奇峰兄弟，谓"岭南三杰"。尤以陈树人最为钟爱画桂林山水，取法东洋，著有画册《桂林山水画写生集》。

1905年7月，齐白石应广西提学使汪颂年的邀请游览桂林，并在其居住的半年间创作了《独秀山》《漓江泛舟》等作品。此次赴桂林远游不仅开阔了他的视野，更让他的山水画发生了真正的转变。桂林山水对齐白石的画风产生了很大的影响，他所作山水形态、整体构图无不以桂林山水的自然地貌、地理特征为依据。拔地而起、矗然独立、一山一水的构图几乎成为齐白石山水画的代表符号。

徐悲鸿、叶浅予、张安治、关山月等名家都曾流连于桂林山水之间，创作了许多具有很高艺术品位的传世山水画，重现了博大沉雄的精神气魄，重构了中国画的出世、入世精神，以精神与情感的超越给人以强烈的震撼。其中以徐悲鸿先生的《漓江烟雨》最为著名，以大泼墨绘出山光云影，笔致洒落，殊有新意。

桂林山水甲天下，曾引得不少名家留下如诗如画的佳作。典型的有吴冠中的《桂林》和李可染的《桂林山水》。吴冠中的《桂林》，作品布局采用中国传统水墨的构图格式，富有层次感的3层群山占据了画面的绝大部分空间，营造出东方水墨"山水一色"的空灵和虚实感；逶迤的山脉流露悠扬的情怀，浅蓝灰色简单的远山与阴雨"共长天一色"，同时与边角上的江水形成呼应。而在曲径通幽的山水之间，位于画面视觉中心五颜六色的桂北民居群，为画面注入了"人化自然"的生动。李可染一生钟爱桂林山水，在他的画室中曾长期挂着《漓江天下景》以自赏。李可染的桂林山水画，"意境高雅隐逸，读来有抒情诗的意味"。1972年，他为民族饭店创作4米宽巨幅《阳朔胜境图》，被誉为李家山水画的里程碑。

接下来，《清漓天下景》《清漓胜境图》《雨中漓江》等一批杰作也相继问世。这是他一生创作的高峰。《桂林山水》作于20世纪70年代，题词中写道："世称桂林山水甲天下，吾曾多次前往写生，此图在象鼻山得景，深感祖国河山之美，兹以意写之奉谷牧同志教正。"

桂林山水画在中国山水画史中处于一个特殊的地位，在古代极少丹青留影，其兴起于近代，发展至今已经成为一个重要的美术现象。而广西，依仗着美丽的桂林山水，提出打造属于自己的"画派"，其历史可以追溯到20世纪60年代上半叶，阳太阳是第一个提出创造广西自己"画派"的美术家。而后提出广西应利用自身的地理优势去创建"亚热带画派"的是油画家涂克。黄独峰回广西后提出"岭南画派西移说"。广西美术家协会于1986年提出广西的风格，2003年提出要形成"漓江画派"。"漓江画派"的提出，对创作出一批高水平的桂林山水画，造就一批有成就有影响的桂林山水画家具有重要意义。此后，以桂林山水为题材的画家之多简直达到了惊人的地步，甚至相当一部分有影响的老画家定居桂林，穷胸中之意，写桂林之山水。他们通过对生活的体察入微，以自身的艺术观念和笔墨技巧表现认识和情感，创造出桂林山水画新的表现技法和意境。

四、桂林山水与旅游

1. 概况

旅游业兼具经济和社会功能，资源消耗低，带动系数大，就业机会多，综合效益好，是国民经济的战略性支柱产业，在促进经济建设、政治建设、文化建设、社会建设等方面发挥着重要作用。

桂林具有独特的旅游资源，典型的喀斯特地貌，以"山清、水秀、洞奇、石美"著称。百里漓江宛如百里画廊，风光旖旎；芦笛岩、七星岩、冠岩仿佛大自然的鬼斧神工。桂林市是国务院批准的风景游览城市和历史文化名城。早在1973年，国务院就将桂林列为中国首批24个对外开放的旅游城市之一。"桂林山水"成为中国对外交流的一张亮丽的"旅游名片"，桂林旅游业被称为中国旅游业发展的缩影和"风向标"。桂林为中国旅游业发展做出了积极的贡献。

桂林拥有世界自然遗产1处：桂林喀斯特（漓江）；国家AAAAA级旅游景区4处：漓江景区、独秀峰·王城景区、两江四湖·象山景区、乐满地度假世界；国家AAAA级旅游景区26处：芦笛景区、七星景区、穿山景区、尧山景区、冠岩景区、愚自乐园（法国地中海俱乐部桂林度假村）、南溪山景区、古东瀑布景区、义江缘景区、世外桃源景区、图腾古道—聚龙潭景区、银子岩景区、灵渠景区、龙胜温泉景区、龙脊梯田景区、丰鱼岩景区、荔江湾景区、金钟山景区、千家洞景区、神龙水世界度假区、刘三姐景观园、雁山园景区、蝴蝶泉景区、西山景区、罗山湖·玛雅水上乐园景区、逍遥湖景区；国家AAA级旅游景区23处：碧莲峰文化古迹山水园景区、资江景区、十二滩漂流景区、鉴山寺景区、九马画山漂流景区、天河瀑布景区、龙门瀑布景区、仙家温泉景区、资源八角寨景区、桂林红岩景区、三庙一馆景区、江头景区、金银寨—蛇王李景区、桂林旅苑景区、红军长征突破湘江战役纪念公园、芦笛岩鸡血石文化艺术中心、湘山寺景区、桂林市白面瑶寨、艺江南中国红玉文化园、龙脊特色旅游小镇、金车生态民族村、崇华中医街景区、炎井温泉景区；国家级风景名胜区1处（漓江），自治区级风景名胜区4处：龙脊梯田、青狮潭、八角寨—资江、资源天门山；国家级自然保护区4处：花坪、资源天门山、猫儿山、千家洞，县级自然保护区9处；自治区级旅游度假区4处：桃花江、龙胜温泉、青狮潭、丰鱼岩旅游度假区。全国重点文物保护单位15处：甑皮岩新石器时期洞穴遗址、桂林石刻、灵渠、靖江王府和王陵、李宗仁官邸和故居、桂林八路军办事处旧址、秦城遗址、湘江战役旧址、江头村和长岗岭村古建筑群、燕窝楼、恭城古建筑群、晓锦遗址、湘山寺塔群与石刻、永宁州城城墙、百寿岩石刻，自治区级重点文物保护单位68处。

2. 桂林著名景区

（1）两江四湖·象山景区

国家AAAAA级旅游景区。位于桂林中心城区，是以象鼻山、伏波山、叠彩山为中心，"两江四湖"为纽带的大型景区。整个景区由"两江四湖"景区、象山景区、滨江景区（伏波公园和叠彩公园）构成，通过连接漓江、桃花江和榕湖、杉湖、桂湖、木龙湖，构成可通航的环绕桂林城区的水上游览体系。两江四湖景区主要景观包括以木龙古渡、古城墙为主景，宝积山、叠彩山等为背景的体现城市文化特色的木龙古水道主景区；以山林自然野趣为特色的桂湖景区；以体现"城在景中、景在城中"山水城市空间特征为特色的榕杉湖主景区。象山景区主要有象鼻山、水月洞、象眼岩、普贤塔、三花酒窖、爱情岛、云峰寺太平天国革命遗址陈列馆等，以其独特的山形和悠久的历史成为桂林城徽标志，水月洞内有摩崖石刻50余件，唐代著名诗人韩愈的名句"江作青罗带，山如碧玉簪"便在其中；洞与水中倒影宛如一轮明月，自古有象山水月的美誉。叠彩山上历代名人的摩崖石刻尤多，为文物的精华；伏波山因唐代曾在山上修建汉朝伏波将军马援祠而得名；伏波山公园由多级山地庭园组成，有还珠洞、千佛岩、珊瑚岩、试剑石、听涛阁、半山亭、千人锅及大铁钟等景点和文物，集山、水、洞、石、亭、园、文物于不足1万平方米的范围内，成为独特的桂林山水的缩影。

（2）漓江景区

世界自然遗产，国家AAAAA级旅游景区。漓江发源于兴安县猫儿山，是桂林山水的精华，中国山水风光的典型代表。漓江是喀斯特地形发育最典型的地段，酷似一条青罗带，蜿蜒于万点奇峰之间。从桂林至阳朔约80千米的水程，沿江风光旖旎，碧水萦回，奇峰倒影，深潭、喷泉、飞瀑参差，美不胜收。兼有"山清、水秀、洞奇、石美"四绝，还有"洲绿、滩险、潭深、瀑飞"之胜。乘船游览漓江，可见绿岛芳洲、渔舟红帆、鹰击长空、鱼翔浅底。江水赋予凝重的青山以动态、灵性、生命，把人带进神话的世界，舟行之际，进入"分明看见青山顶，船在青山顶上行"的意境。漓江景观因时、因地、因气候而有不同变化。春天，岚雾缭绕，烟雨缥缈，江山空漾；夏日，上下天光，碧绿万顷，万山刚毅；秋时，江峰如洗，满山飘香，硕果累累；冬季，两岸白雪，山水清灵，纯净高雅。构成一幅绚丽多彩的画卷，人称"百里漓江、百里画廊"。

（3）独秀峰·王城景区

国家AAAAA级旅游景区，全国重点文物保护单位。靖江王城始建于明洪武五年（1372年），规模宏大，门深城坚，布局严谨，气势森然，殿堂巍峨，亭阁轩昂，水光山色，恍如仙宫，比北京故宫早建34年，它还是南京故宫的精华缩影。史上为明朝藩王府、清时广西贡院、民国的广西省政府所在地。靖江王城坐东北朝西南，南北长556米，东西宽355米，占地面积18.7公顷，其城垣全部采用巨型方整的料石砌成，城墙厚5.5米、高近8米。王城周围是1.5公里长的城垣，内外以方形青石修砌，十分坚固，是国内保存最完好的明代城墙。靖江王府历经11代14位藩王的历史，按照藩王府定制构筑，保持了中国古代建筑中轴对称的布局，前为承运门，中为承运殿，后为寝宫，最后是御苑。围绕主体建筑还有4堂、4亭和台、阁、轩、室、所等40多处。王城最著名的景点有承运殿、太平岩、贡院、独秀峰。独秀峰有"南天一柱"的赞誉，史称"桂林第一峰"，山峰突兀而起，形如刀削斧砍，周围众山环绕，孤峰傲立，有如帝王之尊，峰壁摩崖石刻星罗棋布，800年前南宋人王正功的千古名句"桂林山水甲天下"的摩崖石刻真迹题刻于此。

（4）七星景区

国家AAAA级旅游景区。位于漓江东岸，漓江支流小东江畔，距市中心1.5千米，面积134.7公顷，因有七星山、七星岩而得名，是桂林市最大、历史最悠久、景点最多的综合性公园。七星山七峰并峙，从空中俯瞰，宛如北斗星座，北四峰像斗魁，称普陀山；南三峰像斗柄，称月牙山。著名的七星岩就在普陀山山腹，岩洞雄厅深邃，洞中石钟乳、石笋、石柱、石幔等千姿百态，蔚为奇观。七星景区具有典型的岩溶地貌景观，集山、水、洞、石、庭院、林木、文物等精华，是桂林山水精华景观的缩影。其主要景观有花桥、普陀山、七星岩、驼峰、月牙山、桂海碑林、栖霞禅寺以及华夏之光广场等。

（5）芦笛景区

国家ＡＡＡＡ级旅游景区。因洞口长有一种可做笛子的芦荻草而得名，是一个以游览岩洞为主、观赏山水田园风光为辅的风景名胜区，拥有大自然赋予桂林山水清奇俊秀的岩溶风貌。芦笛岩洞深240米，游程500米。洞内有大量绮丽多姿、玲珑剔透的石笋、石乳、石柱、石幔、石花，琳琅满目，主要景点有"狮岭朝霞""红罗宝帐""盘龙宝塔""原始森林""水晶宫""花果山"等，如同仙境。这些千姿百态的石钟乳是由于地下水的作用，溶解岩石中的碳酸钙，经过上百万年的沉淀结晶堆积而成，因而芦笛岩被誉为"大自然的艺术之宫"。从唐代起，历代都有游人踪迹，现洞内存历代壁画77件。洞外群山环拱，湖水长流，绿树拥翠，与洞内景色交相辉映，天然成趣。自1959年发现并开发后，芦笛景区建有餐厅、茶室、水榭、湖池、曲桥，并设游船，广植花木等。

（6）穿山公园

国家ＡＡＡＡ级旅游景区，国家级重点风景名胜区。公园以穿山为轴心，占地面积约2平方公里，是自然风景与人文景观相映衬的著名风景区。穿山岩被誉为"世界罕见神奇的水晶宝洞"，位于穿山山腹，岩洞常年温度保持在22摄氏度，冬暖夏凉。洞内精美的石钟乳、石笋、石幔，琳琅满目、美不胜收。主要景观有"天鹅湖""一线天""水帘洞""芭蕾脚""龙戏龟""卷曲石"等，洞内除石钟乳外，尚有罕见的透明结晶体——鹅管，为岩溶地貌奇景。鹅管，雪白如玉的白玉石，新奇的石头开花和独特的石头长毛，形成了穿山岩独有的四大特色。

穿山是桂林的名山之一，海拔224米，相对高度94米，自古负有盛名，主峰有一穿洞，空明正圆，如同皓月当空高挂，因此得名月岩。明俞安期诗云："穿石映圆辉，明明月轮上。树影挂横斜，还如桂枝长。"登上月岩，不仅可以欣赏到摩崖石刻，还可以眺望漓江和桂林城景。小东江自北而南，曲贯穿山与塔山之间。塔山顶上，一座明代七层实心寿佛塔巍然耸立，江中倒映，雅致清丽，有"塔山清影"之誉，是桂林"老八景"之一。

（7）西山景区

国家AAAA级旅游景区，是桂林最早被开发的旅游景区。景区由西山群峰、西湖及隐山组成，里面群峰环绕耸立，西湖、桃花江相映带，形成山重水复的奇景。每近黄昏，夕阳斜挂山峰、云林变幻、金光万道、紫气蒸腾，为桂林"老八景"之"西峰夕照"。西山景区拥有丰富深厚的文化底蕴，在唐代曾为佛门圣地，建有西庆林寺，为当时南方五大禅林之首。今虽寺庙被毁，但山上尚存佛龛90余座、造像200余尊、石碑石刻逾千件，距今已1000多年历史。公园景点有隐山六洞、西峰、观音峰、龙头峰、千山及巴布什金墓、桂林博物馆、桂林熊本友谊馆、隐山法藏寺、西湖、九曲桥等。

（8）甑皮岩

全国重点文物保护单位。于1965年发现，1978年对外开放，占地5万平方米。甑皮岩遗址包括主洞、矮洞、水洞，洞穴面积约1000平方米，出土了石器、骨器、蚌器、角器、牙器和陶器残片；发现了中国最原始的陶器和新石器洞穴遗址以及最早的石器加工场；发掘了古人类骨架32具，其中大部分为奇特的屈肢蹲葬；出土了古人类食后遗弃的113种水、陆生动物遗骸，其中哺乳类的"秀丽漓江鹿"、鸟类的"桂林广西鸟"是首次发现的绝灭种属；鉴定出植物孢粉和碳化物近200种，其中发现了中国最早、距今约10000年的桂花种子。遗址的遗迹遗物记载和展示了距今7000～12000年的桂林史前文化发展轨迹，被考古界称为"华南及东南亚史前考古最重要的标尺和资料库之一"，有"史前明珠"之誉。

（9）冠岩景区

国家AAAA级旅游景区。位于雁山区草坪回族乡，距市区29千米，因山形似传统的紫金冠而得名。冠岩处在漓江中段，是百里漓江精华段"零距离景区"。景区属典型的喀斯特地貌，溶洞多，山峰奇，地下河发育完整，地上江流清澈，周边山峰挺拔环绕、小岛散落俊秀。冠岩神奇幽深，分三层五洞，上面两层为旱洞，下层为水洞，洞洞相连、逶迤曲折，洞内悬挂着各形各态的石钟乳，洞内有轨电车、游艇、观光电梯。

（10）银子岩景区

国家AAAAA级旅游景区。位于荔浦县马岭镇。岩洞为典型的喀斯特地貌，贯穿12座山峰，属层楼式溶洞，汇集了不同地质年代发育生长的钟乳石，晶莹剔透，宛如夜空的银河倾泻而下，闪烁出像银子、似钻石的光芒，所以称银子岩。洞内有特色景点数十处，最为著名的景观有"雪山飞瀑""音乐石屏""瑶池仙境"，被誉为"世界溶洞奇观"。

参考文献

[1] Barker S, Knorr G, Edwards R L, et al. 800,000 years of abrupt climate variability [J] . Science, 2011, 334: 347–351.

[2] Baskaran M, Krishnamurthy R V. Speleothems as proxy for the carbon isotope composition of atmospheric CO_2 [J] . Geophysical Research Letters, 1993, 20 (24): 2905–2908.

[3] Blumberg P N. Flutes: A study of stable, periodic dissolution profiles [D] . Ann Arbor: University of Michigan, 1970: 170 .

[4] Bögli A. Karst Hydrology and Physical Speleology [M] . Berlin: Springer-Verlag, 1980.

[5] Chang Y, Wu J C, Jiang G H, et al. Identification of the dominant hydrological process and appropriate model structure of a karst catchment through stepwise simplification of a complex conceptual model [J] . Journal of Hydrology, 2017, 548: 75–87.

[6] Chang Y, Wu J C, Jiang G H. Modeling the hydrological behavior of a karst spring using a nonlinear reservoir–pipe model [J] . Hydrogeology Journal, 2015a, 23 (5): 901–914.

[7] Chang Y, Wu J C, Liu L. Effects of the conduit network on the spring hydrograph of the karst aquifer [J] . Journal of Hydrology, 2015b, 527: 517–530.

[8] Chen S T, Wang Y J, Cheng H, et al. Strong coupling of Asian monsoon and Antarctic climates on sub–orbital timescales [J] . Scientific Reports, 2016, 6: 32995.

[9] Cheng H, Edwards R L, Sinha A, et al. The Asian monsoon over the past

640,000 years and ice age terminations [J]. Nature, 2016, 543: 640-646.

[10] Cheng H, Edwards R L, Shen C C, et al. Improvements in [230]Th dating, [230]Th and [234]U half-life values, and U–Th isotopic measurements by multi-collector inductively coupled plasma mass spectrometry [J]. Earth & Planetary Science Letters, 2013, 371-372: 82-91.

[11] Curl R L. Deducing flow velocity in cave conduits from scallop [J]. National Speleological Society Bulletin, 1974, 36 (2): 1-5.

[12] Curl R L. Scallops and flutes [J]. Transactions Cave Research Group of Great Britain, 1966, 7 (2):1-43.

[13] Dasgupta S, Saar M O, Edwards R L, et al. Three thousand years of extreme rainfall events recorded in stalagmites from Spring Valley Caverns, Minnesota [J]. Earth and Planetary Science Letters, 2010, 300: 46-54.

[14] Denniston R F, Villarini G, Gonzales A N, et al. Extreme rainfall activity in the Australian tropics reflects changes in the ELNiño/Southern Oscillation over the last two millennia [J]. Proceedings of the National Academy of Sciences of the United States of America, 2015, 112 (15): 4576-4581.

[15] Dreybrodt W. Principles of early development of karst conduits under natural and man-made conditions revealed by mathematical analysis of numerical models [J]. Water Resources Research, 1996, 32 (9): 2923-2935.

[16] Ford D C, Ewers R O. The development of limestone cave systems in the dimensions of length and depth [J]. Canadian Journal of Earth Science, 2010 (15): 1783-1798.

[17] Ford D, Williams P. Karst hydrogeology and Geomorphology [M]. New

York: John Wiley & Sons, Ltd, 2007.

[18] Frappier A B, Sahagian D, Carpenter S J, et al. Stalagmite stable isotope record of recent tropical cyclone events [J]. Geology, 2007, 35 (2): 111–114.

[19] Ge Q, Hao Z, Zheng J. et al. Temperature changes over the past 2000 yr in China and comparison with the Northern Hemisphere [J]. Climate of the Past, 2013, 9: 1153–1160.

[20] Guo X J, Jiang G H, Gong X P, et al. Recharge processes on typical karst slopes implied by isotopic and hydrochemical indexes in Xiaoyan Cave, Guilin, China [J]. Journal of Hydrology, 2015, 530: 612–622.

[21] Jo K N, Woo K S, Hong G H, et al. Rainfall and hydrological controls on spelethem geochemistry during climatic events (drought and typhoons): An example from Seopdong Cave, Republic of Korea [J]. Earth and Planetary Science Letters, 2010, 295 (3): 441–450.

[22] Kagan E J, Agnon A, Bar-Matthew M, et al. Dating large infrequent earthquakes by damaged cave deposits [J]. Geology, 2005, 33 (4): 261–264.

[23] Li B, Yuan D X, Stein-Erik L, et al. The Younger Dryas event and Holocene climate fluctuations recorded in a stalagmite from the Panlong Cave of Guilin [J]. Acta Geologica Sinica, 1998, 72 (4): 455–465.

[24] Liu D B, Wang Y J, Cheng H, et al. A detailed comparison of Asian monsoon intensity and Greenland temperature during the Allerød and Younger Dryas events [J]. Earth and Planetary Science Letters, 2008, 272 (3):

691-697.

[25] Liu Y H, Henderson G M, Hu C Y, et al. Links between the East Asian monsoon and North Atlantic climate during the 8,200 year event [J] . Nature geoscience, 2013, 6 (2) : 117-120.

[26] Liu Z H. Guidebook for field excursions [C] . International Symposium and Field seminar on Karst of Inner Plate Region with Monsoon Climate, 1991.

[27] Ma Z B, Cheng H, Tan M, et al. Timing and structure of the Younger Dryas event in northern China [J] . Quaternary Science Reviews, 2012, 41: 83-93.

[28] Nott J, Haig J, Neil H, et al. Greater frequency variability of landfalling tropical cyclones at centennial compared to seasonal and decadal scales [J] . Earth and Planetary Science Letters, 2007, 255: 367-372.

[29] O' Neil J R, Clayton R N, Mayeda T K. Oxygen isotope fractionation in divalent metal carbonates [J] . The Journal of Chemical Physics, 1969, 51 (12) : 5547-5558.

[30] Owen R A, Day C C, Hu C Y, et al. Calcium isotopes in caves as a proxy for aridity: Modern calibration and application to the 8.2 kyr event [J] . Earth and Planetary Science Letters, 2016, 443: 129-138.

[31] Palmer A N. Origin and morphology of limestone caves [J] . Geological Society of America Bulletin, 1991, 103: 1-21.

[32] Panno S V, Chirienco M I, Bauer R A, et al. Possible Earthquakes recorded in stalagmites from a cave in South-Central Indiana [J] . Bulletin of the Seismological Society of America, 2016, 106 (5) : 2364-2375.

［33］Sweeting M M．Karst in China Its geomorphology and environment［M］．Berlin：Springer-Verlag，1995．

［34］Sweeting M M．The karst of Kweilin，Southern China［J］．Geographical Journal，1978，144：189-204．

［35］Veress M．Karst Environments：Karren Formation in High Mountains［M］．Dordrecht：Springer Science+Business Media B.V.，2010．

［36］Waltham T．Fengcong，fenglin，cone karst and tower karst［J］．Cave & Karst Science，2008，35（3）：77-88．

［37］Wang Y J，Cheng H，Edwards R L，et al．A high-resolution absolute-dated late Pleistocene monsoon record from Hulu Cave，China［J］．Science，2001，294：2345-2348．

［38］Yin J J，Yuan D X，Li H C，et al．Variation in the Asian monsoon intensity and dry-wet conditions since the Little Ice Age in central China revealed by an aragonite stalagmite［J］．Climate of the Past，2014，10：1803-1816．

［39］Yuan D X，Zhang C．Karst processes and the carbon cycle final report of IGCP 379［M］．Beijing：Geological Publishing House，2002：40．

［40］Zhang P Z，Cheng H，Edwards R L，et al．A test of climate，sun，and culture relationships from an 1810-year Chinese cave record［J］．Science，2008，322：940-942．

［41］Zhu X W．Guilin Karst［M］．Shanghai：Shanghai Scientific & Technical Publishers，1988．

［42］Bull P A，胡蒙育．中国广西桂林穿山石峰洞穴沉积物的沉积学研究［J］．中国岩溶，1990，9（1）：60-75．

［43］常勇. 裂隙—管道二元结构的岩溶泉水文过程分析与模拟［D］. 南京：南京大学，2015.

［44］常勇. 中国南方峰丛洼地坡面流产生机制——以桂林丫吉试验场为例［D］. 武汉：中国地质大学，2011.

［45］陈治平，刘金荣. 桂林盆地岩溶发育史的探讨［J］. 地理学报，1980，35（4）：338–347.

［46］陈旭，樊隽轩，陈清，等. 论广西运动的阶段性［J］. 中国科学：地球科学，2014，44（5）：842–850.

［47］程国富. 岩溶石山区地表蒸散发及水文过程定量研究——以桂林丫吉试验场为例［D］. 重庆：西南大学，2013.

［48］程顺波，付建明，陈希清，等. 桂东北海洋山岩体锆石SHRIMP U–Pb定年和地球化学研究［J］. 华南地质与矿产，2012，28（2）：132–140.

［49］程顺波，付建明，马丽艳，等. 桂东北越城岭—苗儿山地区印支期成矿作用：油麻岭和界牌矿区成矿花岗岩锆石U–Pb年龄和Hf同位素制约［J］.中国地质，2013，40（4）：1189–1201.

［50］邓自强，林玉石，张美良，等. 桂林岩溶洼地和洞穴发生、发展的构造控制剖析［J］. 中国岩溶，1987，6（2）：137–148.

［51］邓自强，林玉石，张美良，等. 桂林岩溶与地质构造［M］. 重庆：重庆出版社，1988.

［52］段华勇. 旅游景区营销渠道建设与管理研究——以桂林漓江冠岩风景区为例［D］. 桂林：广西师范大学，2006.

［53］龚晓萍．岩溶石山地区土壤水分动态及调蓄潜力分析——以桂林丫吉试验场为例［D］．北京：中国地质大学，2016.

［54］龚兴宝，黄汉铎，张美良，等．桂林岩溶区晚泥盆早石炭世碳酸盐岩地层划分和对比［M］．南宁：广西科学技术出版社，1992.

［55］冠岩风景区——镶在漓江上的璀璨明珠．桂林漓江冠岩景区官方网站［Z/OL］．（2017-03-02）［2018-05-07］．http://www.liriver.org/news/216.html.

［56］广西壮族自治区地方志编纂委员会．广西通志·岩溶志［G］．南宁：广西人民出版社，1998.

［57］郭小娇，龚晓萍，汤庆佳，等．典型岩溶山坡土壤剖面水分对降雨响应过程研究［J］．中国岩溶，2016，35（6）：629-638.

［58］郭小娇，龚晓萍，袁道先，等．典型岩溶包气带洞穴滴水水文过程研究——以桂林硝盐洞为例［J］．地球学报，2017a，38（4）：537-548.

［59］郭小娇，龚晓萍，袁道先，等．典型岩溶石山山坡土壤剖面水分分层性特征及其影响因素［J］．南方农业学报，2017b，48（7）：1196-1203.

［60］郭小娇，姜光辉，汤庆佳，等．典型岩溶石山包气带洞穴水流的水文过程浅析［J］．中国岩溶，2014，33（2）：176-183.

［61］国土资源部广西壮族自治区岩溶动力学重点实验室．广西岩溶动力学重点实验室年报［R］．桂林：国土资源部广西壮族自治区岩溶动力学重点实验室，2017，35.

［62］桂林市人民政府．桂林市国家可持续发展议程创新示范区建设方案（2017-2020年）［R］.桂林：桂林市人民政府，2018.

［63］桂林市人民政府.桂林市可持续发展规划（2017-2030年）［R］.桂林：桂林市人民政府，2018.

[64] 何若雪，孙平安，何师意，等. 漓江流域中下游无机碳通量动态变化及影响因素［J］. 中国岩溶，2017，36（1）：109-118.

[65] 侯琨，王秀茹，杜晓晴，等. 桂林市桃花江流域生态环境需水量分析［J］. 水土保持研究，2015，22（4）：338-341.

[66] 胡素青. 陪你寻美珠江［J］. 文化，2013（22）：52-56.

[67] 黄芬，唐伟，汪进良，等. 外源水对岩溶碳汇的影响——以桂林毛村地下河为例［J］. 中国岩溶，2011，30（4）:417-421.

[68] 黄敬熙，严启坤，王敏夫，等. 桂林岩溶水资源评价及其方法［M］. 重庆：重庆出版社，1988.

[69] 姜光辉，陈坤琨，于奭，等. 峰丛洼地的坡地径流成分划分［J］. 水文，2009，29（6）：14-19.

[70] 姜光辉，吴吉春，郭芳，等. 森林覆盖的喀斯特地区表层岩溶带的产流阈值［J］. 水科学进展，2008，19（1）：72-77.

[71] 姜光辉，于奭，常勇. 利用水化学方法识别岩溶水文系统中的径流［J］.吉林大学学报（地球科学版），2011，41（5）：1535-1541.

[72] 姜光辉. 无人机航拍技术提升部丫吉试验场数字化水平［R/OL］. 中国地质调查局（2018a-01-03）［2018-3-9］. http://www.cgs.gov.cn/gzdt/zsdw/201801/t20180103_448615.html.

[73] 姜光辉. 丫吉试验场开展桂林城乡结合部生态环境调查［R/OL］. 中国地质调查局（2018b-03-30）［2018-3-30］. http://www.cgs.gov.cn/gzdt/zsdw/201803/t20180330_453564.html.

[74] 漓江概况. 桂林漓江风景名胜区官方网站［Z/OL］. （2012-3-18）［2018-03-30］. http://www.liriver.com.cn/showfengguan.asp?id=282，0.

［75］黎运菜，黎嘉宁. 桂林中心城市环境水利回顾和发展研究［J］. 山西水利科技，2011，1：3-5，8.

［76］李大通，罗雁. 中国碳酸盐岩分布面积测量［J］. 中国岩溶，1983（2）：147-150.

［77］李大通. 碳酸盐岩层的分类原则和确定类型的BASIC程序［J］. 中国岩溶，1985（4）：349-358.

［78］李国芬，韦复才，梁小平，等. 中国岩溶水文地质图说明书［M］. 北京：中国地图出版社，1992.

［79］李四光. 南岭何在［J］. 地质论评，1942，7（6）：253-265.

［80］梁亮. 小东江将建成两江四湖水上旅游二环通道［N］. 桂林晚报，2010-07-16（04）.

［81］林玉山，覃政教，赵付明. 桂林市冠岩危岩发育特征与防治对策［J］. 中国地质灾害与防治学报，2007，18（3）：44-48.

［82］灵川县志——地表水［Z/OL］.（2013-11-27）［2017-03-28］. http://www.gxdqw.com/bin/mse.exe?seachword=&K=c&A=31&rec=41&run=13.

［83］刘辉，张学洪，陆燕勤，等. 降雨径流对桂林桃花江水体中氨氮和总磷的影响［J］. 桂林工学院学报，2006，26（1）：23-27.

［84］刘宪标. 漓江深呼吸［M］. 桂林：漓江出版社，2006：121.

［85］刘英. 伏波山［M］. 桂林：漓江出版社，1982.

［86］刘云霞，陈晶晶. 桂林市高新区道路园林景观提升方案刍议［J］. 广西城镇建设，2010，8：47-49.

［87］刘再华. 外源水对灰岩和白云岩的侵蚀速率野外试验研究——以桂林尧山为例［J］. 中国岩溶，2000，19（1）：1-4.

［88］刘子琦. 利用洞穴体系地球化学指标研究贵州中西部近现代石漠化成因及趋势［D］. 重庆：西南大学，2008.

［89］卢耀如. 中国南方喀斯特发育基本规律的初步研究［J］. 地质学报. 1965，45（1）：108-128.

［90］南江江. 桂林市小东江枢纽方案及过船建筑物型式探讨［J］. 山西水利，2010（4）：45-46.

［91］农晓春，傅中平，黄春源. 广西阳朔遇龙河峰林地质公园景观资源评价［J］. 南方国土资源，2015，1：23-24，28.

［92］漆招进. "甑皮岩人"葬俗及其与岭南其他人类的关系［C］//百越民族史研究会. 百越文化研究——中国百越民族史学会第十二次年会暨百越文化国际学术研讨会论文集. 厦门：厦门大学出版社，2004.

［93］覃厚仁，朱德浩，谭鹏家. 桂林岩溶地貌图（1：10万）广西师范大学出版生，广西桂林，1988。

［94］覃嘉铭，袁道先，林玉石，等. 桂林44 ka BP石笋同位素记录及其环境解译［J］. 地球学报，2000，21（4）：407-416.

［95］覃妮娜. 盲谷地面河流的"终结者"［J/OL］. 中国国家地理，2011，10［2018-03-18］. http://www.dili360.com/cng/article/p5350c3d6c046731.htm.

［96］覃小群，蒋忠诚，李庆松，等. 广西岩溶区地下河分布特征与开发利用［J］. 水文地质工程地质，2007，6：10-18.

［97］邱启照. 开放式景区治理资源整合的有益探索——阳朔遇龙河景区个案分析［J］. 改革与开放，2013（1X）：78-79.

［98］任美锷，刘振中. 岩溶学概论［M］. 北京：商务印书馆，1983.

［99］茹锦文. 漓江流域整治的综合研究［M］. 桂林：广西师范大学出版社，1988.

［100］单之蔷. 桂林为什么不申遗？［J/OL］. 中国国家地理，2011，10［2018-03-18］. http://www.dili360.com/cng/article/p5350c3d6ce6d868.htm.

［101］盛雪. 舟泊漓江上，梦圆桂林中［J］. 人民公交，2012，3：106-107.

［102］舒良树，周新民，邓平，等. 南岭构造带的基本地质特征［J］. 地质论评，2006，52（2）：251-265.

［103］孙九霞，保继刚. 社区参与的旅游人类学研究：阳朔遇龙河案例［J］. 广西民族学院学报（哲学社会科学版），2005，27（1）：85-92.

［104］孙平安，于奭，莫付珍，等. 不同地质背景下河流水化学特征及影响因素研究：以广西大溶江、灵渠流域为例［J］. 环境科学，2016，37（1）：123-131.

［105］陶琦. 碧莲玉笋·流水岩溶中的山水田园——广西阳朔遇龙河峰林地质公园［J］. 南方国土资源，2016a，8：48-51.

［106］陶琦. 碧莲玉笋·岩溶画廊中的立体风景——广西阳朔遇龙河峰林地质公园［J］. 南方国土资源，2016b，9：42-45.

［107］陶于祥，潘根兴，孙玉华，等. 岩土系统地球化学行为及其对岩溶作用驱动———以丫吉村岩溶试验场为例［J］. 岩石矿物学杂志，1998，17（4）：316-322.

［108］涂水源，张伯禹，谢代兴，等. 桂林环境工程地质［M］. 重庆：重庆出版社，1988.

［109］汪进良. 桂林毛村地下河出口电导率及NO$_3^-$动态变化研究［D］. 北

京：中国地质科学院，2005.

［110］汪永进，刘殿兵．亚洲古季风变率和机制的洞穴石笋档案［J］．科学通报，2016，61（9）：938-951.

［111］王华，张春来，杨会，等．利用稳定同位素技术研究广西桂江流域水体中碳的来源［J］．地球学报，2011，32（6）：691-698.

［112］王令红，彭书琳，陈远璋．桂林宝积岩发现的古人类化石和石器［J］．古人类学报，1982，1（1）：30-35.

［113］王玉北，陈志龙．世界地下交通［M］．重庆：东南大学出版社，2010：57-58.

［114］王岳川．桂林市桃花江流域生态环境需水量研究［D］：重庆：重庆大学，2006.

［115］威廉姆斯ＰＷ，利昂斯ＲＧ，汪训一，等．桂林穿山洞穴沉积物的古地磁解释［J］．中国岩溶，1986，5（2）：113-119.

［116］韦军．桂林谷地史前洞穴遗址的分布及其认识［J］．史前研究，2010，10：197-208.

［117］翁金桃，茹锦文．穴珠［J］．中国岩溶，1982，1：58-65.

［118］翁金桃．桂林岩溶与碳酸盐岩［M］．重庆：重庆出版社，1987.

［119］岩溶洞穴探险队．中英联合洞穴探险及冠岩地下河系的新观察［J］．中国岩溶，1986，5（2）：135-140.

［120］颜邦英．古城曾有水几环——桂林两江四湖古今谈之一［J］．广西地方志，2002（4）：59-60.

［121］颜景盛．桂林叠彩山探胜［J］．中国地名，1996（5）：36.

［122］杨立铮.中国南方地下河分布特征［J］．中国岩溶，1985，1（1）：

92-100.

［123］易连兴，夏日元，王喆，等. 岩溶峰丛洼地区降水入渗系数——以寨底岩溶地下河流域为例［J］. 中国岩溶，2017，36（4）:513-517.

［124］袁道先，戴爱德，蔡五田，等. 中国南方裸露型岩溶峰丛山区岩溶水系统及其数学模型的研究［M］. 桂林：广西师范大学出版社，1996.

［125］袁道先，覃嘉铭，林玉石，等. 桂林20万年石笋高分辨率古环境重建［M］. 桂林：广西师范大学出版社，1999.

［126］袁道先，朱德浩，翁金桃，等. 中国岩溶学［M］. 北京：地质出版社，1994.

［127］袁道先. 论峰林地形［J］. 广西地质，1984，1（1）：79-86.

［128］袁道先. 岩溶学词典［M］. 北京：地质出版社，1988.

［129］袁道先. 中国西南部的岩溶及其与华北岩溶的对比［J］. 第四纪研究，1992，4：352-361.

［130］原雅琼. 水生光合生物对漓江流域水化学和岩溶碳汇的影响［D］. 重庆：西南大学，2016.

［131］张美良，朱晓燕，覃军干，等. 桂林甑皮岩洞穴的形成、演化及古人类文化遗址堆积迁移［J］. 地球与环境，2011，39（3）：305-312.

［132］张美良，朱晓燕，阳和平，等. 岩溶洞穴沉积物的地震记录浅析［J］. 中国岩溶，2009，28（4）：340-347.

［133］张任. 冠岩洞穴特征与游览开发设计研究［J］. 中国岩溶，1999，18（1）：73-79.

［134］张文佑. 广西山字型构造的雏形［J］. 地质论评，1942，6：267-276.

［135］章程，蒋勇军，Lian Y Q，等. 利用SWMM模型模拟岩溶峰丛洼地系统

降雨径流过程——以桂林丫吉试验场为例［J］. 水文地质工程地质，
2007，3：10-14.

［136］赵海娟，肖琼，吴夏，等. 人类活动对漓江地表水体水—岩作用的影
响［J］. 环境科学，2017，38（10）：4108-4119.

［137］郑淑蕙，侯发高，倪葆龄. 我国大气降水的氢氧稳定同位素研究［J］.
科学通报，1983，28（13）：801-806.

［138］中国地质科学院岩溶地质研究所. 中国南方喀斯特第二期桂林喀斯特
世界自然遗产申报［R］. 桂林：中国地质科学院岩溶地质研究所，
2013.

［139］中国科学院地质研究所岩溶研究组. 中国岩溶研究［M］. 北京：科学
出版社. 1979.

［140］中国社会科学院考古研究所，广西壮族自治区文物工作队，桂林甑皮
岩遗址博物馆，等.桂林甑皮岩［M］. 北京:文物出版社，2003.

［141］周鸿彬. 桂林市小东江出口过船建筑物枢纽布置及形式比选［J］. 山
西水利，2015，2：39-40.

［142］周厚云，王庆，蔡炳贵. 山东开元洞发现典型"北方型"石笋微生长
层［J］. 第四纪研究，2010，30（2）：441-442.

［143］周建明. 唐代桂林旅游景观的开发与发展［J］. 广西地方志，2013，
182（5）：49-53.

［144］周小虎. 冠岩——奇美的洞中景致［J］. 广西画报，1997，11：32-
34.

［145］朱千华. 广西地下河——最隐秘的自然奇观，最深厚的人文记忆
［J/OL］. 中国国家地理，2018，2［2018-03-18］. http://www.dili360.

com/cng/mag/detail/550.htm.

［146］曾全方，张学洪，张华，等. 桂林桃花江水环境容量研究［J］. 桂林
　　　理工大学学报，2006，26（1）：18-22.

［147］曾昭璇，黄少敏. 中国东南部红层地貌［J］. 华南师范学院学报（自
　　　然科学版），1978（1）：56-73.

［148］朱学稳，汪训一，朱德浩，等. 桂林岩溶地貌与洞穴研究［M］. 北
　　　京：地质出版社，1988.

［149］朱学稳，朱德浩，汪训一. 阳朔莲花岩洞穴内的莲花盆［J］. 地质论
　　　评，1981，27（4）：368-369.

［150］朱学稳. 峰林喀斯特的性质及其发育和演化的新思考［J］. 中国岩
　　　溶，1991，10（1）：51-62.

［151］朱学稳. 桂林岩溶［M］. 上海：上海科技出版社，1988：185-188.

［152］朱学稳. 我国的峰林与峰丛喀斯特［J］. 大自然，2006（1）：14-16.

［153］朱学稳. 我国灰岩洞穴次生化学沉积物的沉积类型和形态系统［J］.
　　　中国地质科学院院报，1986，15：137-142.

［154］邹巧燕. 桂林石刻诗歌在景点中的审美特征［J］. 桂林师范高等专科
　　　学院学报，2011，25（2）：64-67.

后　记

　　以"山清、水秀、洞奇、石美"著称于世的桂林山水，受益于得天独厚的地质、气候和水文条件，形成了目前全球独一无二的岩溶山水风景资源。它不仅是桂林的、广西的、中国的，更是世界的，是中国向世界递出的一张漂亮的名片；它不仅是中国南方岩溶"皇冠上的那颗钻石"，更是大自然留给人类的一笔宝贵的自然遗产，具有无可比拟的自然价值、科学价值、美学价值和人文价值。保护桂林山水，促进山水与人文协同可持续发展是桂林面临的历史重任！在长期的自然演变、人类活动、经济社会发展的历程中，桂林山水受到了不同程度的自然因素和人类活动的双重影响，面临旱涝灾害、酸雨、岩溶塌陷、石漠化、崩塌等环境地质问题，给桂林山水的保护带来了巨大的挑战。

　　受控于桂林地区特殊的岩溶地质条件，在暴雨期或降雨集中期，降水超过各类岩溶负地形的排水能力，形成大规模的内涝，同时降雨引起的水土流失淤塞地下河咽喉部位更加剧了洪涝灾害，造成巨大的经济损失。降水结束后，地表水快速入渗地下又导致地表缺水干旱，水资源利用困难，岩溶山区又形成大规模干旱，岩溶山区人民生活面临巨大威胁。桂林地区处于南方酸雨带，酸雨会对生态环境及社会环境造成重要影响，导致地表水酸化、影响作物生长、改变土壤理化性质、腐蚀建筑物、影响人体健康。同时，酸雨极易参与碳酸盐岩风化过程，导致岩溶速率加快，在一定的时间尺度内破坏现有岩溶地貌景观和石刻文物，造成不可挽回的损失。桂林属于岩溶塌陷高发地区，在降雨、地震、地表水汇入等自然因素和抽水、爆破、道路施工、隧道开挖等人类活动的影响下，极易诱发岩溶塌陷。岩溶地面塌陷会导致道路、铁路、建筑物、水工建筑、农田、矿坑等受到严重损坏，威胁人民生命财产安全。1997年，桂林使用炸药放炮清理漓江航道，由于爆破产生的纵、横震波在地下水、岩溶空间和土石中迅速传播，导致漓江边的拓木村及其周边0.2平方千米范围内发生了60余处塌陷坑，使得鱼塘漏干、农田毁坏、房屋摧毁，直接经济损失达到200万元。近年来，桂林市区降雨条件下诱发的岩溶塌陷时有发生。石漠化是岩溶地区面临的另一个重要的生态环境问题，使得地表植被破坏，土壤严重侵蚀，基岩大面积裸露，土地极端退化。据2011年自治区石漠化专项调查显示，桂林除资源县外的11县及5城区石漠化面积超过17万公顷，占桂林岩溶土地面积的17.8%，其中重度石漠化面积就接近14万公顷，极重度石漠化面积1800多公顷，主要集中在全州、阳朔、永福等县。石漠化会带来耕地资源减少、生态系统破坏、水土流失加剧、内涝灾害加剧、人民生活穷苦等严重后果。岩溶地区的岩石崩塌是历史上长期存在的一种岩溶地质灾害。桂林地区岩溶峰体陡峭，多呈现>70°的边坡，因此在峰林平原孤峰上的危岩崩塌现象较为常见，在降雨、震动等影响下，峰体边缘岩石极易松动滑落，形成崩塌灾害。2015年3月19日，桂林市叠彩山景区发生山体崩塌，崩塌所在位置相对地面高差为30米，崩塌岩石体积约60立方米，崩落后撞击下方的旅游过道，部分碎石直接砸向下方从漓江游船刚上岸的游客，造成重大危害。

因此，一系列生态环境问题同"桂林山水"的形成发育相伴而生。对于桂林而言，如何破解"岩溶石漠化地区生态修复和环境保护"这一瓶颈问题，可持续保护和利用好景观资源，同步实现经济和社会的持续稳定发展，是桂林实现可持续发展的重大挑战。2018年3月，国务院批复同意桂林市建设国家可持续发展议程创新示范区，围绕前述瓶颈问题，以"景观资源可持续利用"为主题，以转变发展观念、创新发展模式、提高发展质量为主线，按照生态资源保护利用、生态产业发展、生态环境改善、生态文明建设的思路，以满足人民日益增长的美好生活需要为目标，以提供优质生态产品和生态服务为主要内容，形成可操作、可复制、可推广的有效模式，对我国中西部多民族、生态脆弱地区实现可持续发展发挥示范效应，这为桂林山水的保护带来了难得的历史机遇，也必将进一步促进区域自然景观资源的可持续发展，为后世留下宝贵的自然遗产！

图片摄影：朱学稳　杨　坤　吴吉光

　　　　　　汪进良　张远海　易连兴

　　　　　　茹锦文　姜光辉　凌映芬

图片提供：中国地质科学院岩溶地质研究所

　　　　　　中国乐业—凤山世界地质公园网站

　　　　　　芦笛岩旅游有限责任公司

　　　　　　银子岩旅游有限责任公司

　　　　　　骏驰彩云间

　　　　　　桂林甑皮岩遗址博物馆

图书在版编目（CIP）数据

桂林山水/袁道先等著.—南宁：广西科学技术出版社，2018.10
（我们的广西）
ISBN 978-7-5551-1039-2

I.①桂…　II.①袁…　III.①岩溶地貌—介绍—桂林　IV.①P642.252.267.3

中国版本图书馆CIP数据核字（2018）第190976号

策　　划：骆万春　责任编辑：黎志海　张　珂　美术编辑：韦娇林　郭嘉慧
责任校对：冯　靖　王雪英　责任印制：韦文印
出版人：卢培钊
出版发行：广西科学技术出版社　地址：广西南宁市东葛路66号　邮编：530023
电话：0771-5842790（发行部）　传真：0771-5842790（发行部）
经销：广西新华书店集团股份有限公司　印制：雅昌文化（集团）有限公司
开本：787毫米×1092毫米　1/16　印张：21.25　插页：7　字数：295千字
版次：2018年10月第1版　印次：2018年10月第1次印刷
本册定价：128.00元　总定价：3840.00元